通信工学の基礎

松本隆男・吉野隆幸 共著

東京電機大学出版局

まえがき

　社会の基盤を支える技術の中で，土木，建築，機械などは，紀元前の時代から今日に至るまで長く続いている技術である．現代文明の勃興期である19世紀後半からは，これらに電気の技術が加わり，技術に多様性が生まれると同時に，社会への影響力も拡大した．通信の技術は，電気の技術と歩調をあわせながら進展し，19世紀終盤には電信および電話の業務が行われるようになった．20世紀に入ると真空管が発明され，電気信号を電子の流れとして扱うことにより，信号波形を操作（増幅など）できるようになった．そして20世紀中盤には，半導体を材料とした電子デバイス（トランジスタ）が開発され，それによって，それまでの真空管とは桁違いに小型・低消費電力でかつ高速動作が可能な電子回路が実現されるようになった．さらには，集積回路によって，電子回路の高度化に拍車がかかった．その結果として，20世紀後半には電子回路の能力を駆使した高性能コンピュータがつくられるようになり，さまざまな情報をデータとして数値化し，高速に処理することができるようになった．これにより，情報という新たな技術分野が生まれることになった．また，20世紀終盤には，光ファイバや半導体レーザが開発され，それまでの金属線を大きく凌駕する性能の通信路が利用できるようになった．コンピュータと光ファイバは，今日多くの人々が利用しているインターネットを実現するうえで不可欠な要素となっている．

　このように，各種の技術を展望してみると，土木，建築，機械などは，人体にたとえれば手足の部分に相当し，社会のハードウェア的な意味での基盤となる技術である．電気，通信，情報など，比較的新しい時代に生まれた技術は，人体でいえば血流，神経，脳，五感などに相当している．これらは，どちらかというと社会のソフトウェア的な意味での基盤となる技術である．

　本書では通信技術の基礎について解説する．通信では，離れた地点間で情報をやりとりするために，特殊な信号を用いる．信号は，電流や電波，光に変化を与えることで生み出され，金属線や空間，光ファイバを媒体として遠方に伝えられ

る。電流や電波，光は，時間の経過とともに連続的に変化する物理現象である。本書の前半では，このような物理現象に基づく信号をアナログ的にとらえて処理する技術領域について解説している。他方，コンピュータを代表とする情報機器の発展にともない，通信の分野では，パルスを信号として用いるディジタル技術が主流となっている。本書の後半では，信号をディジタル的にとらえて処理する技術領域について解説している。これらの解説では数学の助けが必要であり，数式を多用している。

通信の分野では，これまでに数多くの優れた書物が刊行されている。本書を著すにあたって内容を引用あるいは参考にさせていただいた書物を，本書の末尾に示している。

本書は，大学の工学系学部生に通信の理論とシステムに関する基礎知識を修得してもらうためにまとめたものである。勉学に取り組む際の一助となれば幸いである。

出版にあたっては，東京電機大学出版局の吉田拓歩氏から適切なご指示ならびにご助言をいただいた。深く感謝いたします。

2018 年 8 月

松本　隆男

吉野　隆幸

目　次

まえがき ……………………………………………………………………… i

1章　通信システムと基礎理論 …………………………………………… 1
1.1　「通信」と「システム」 ……………………………………………… 1
1.2　通信システムの構成 …………………………………………………… 2
1.3　本書で取り上げる基礎理論 …………………………………………… 3

2章　フーリエ級数とフーリエ変換 ……………………………………… 6
2.1　通信理論でフーリエ級数やフーリエ変換が必要とされる理由 ……… 6
2.2　フーリエ級数 …………………………………………………………… 7
2.3　フーリエ変換 …………………………………………………………… 9
2.4　たたみ込み積分と伝達関数 ……………………………………………13
2.5　電力スペクトル …………………………………………………………17
演習問題 ………………………………………………………………………21

3章　歪と雑音 ………………………………………………………………22
3.1　歪 …………………………………………………………………………22
3.2　雑音 ………………………………………………………………………28
演習問題 ………………………………………………………………………32

4章　変調の基礎 ……………………………………………………………33
4.1　変調の意味 ………………………………………………………………33
4.2　いろいろな変調 …………………………………………………………35
4.3　変調の目的 ………………………………………………………………36
演習問題 ………………………………………………………………………38

5章　振幅変調 ･･ 39

- 5.1　時間領域での信号表現 ････････････････････････････････ 39
- 5.2　周波数領域での信号表現 ･･･････････････････････････････ 41
- 5.3　振幅変調をするための電子回路 ･････････････････････････ 43
- 5.4　変調波の電力と効率 ･･････････････････････････････････ 48
- 5.5　振幅変調の改良 ･･････････････････････････････････････ 49
- 5.6　振幅変調波の検波 ････････････････････････････････････ 52
- 5.7　振幅変調と雑音 ･･････････････････････････････････････ 57
- 演習問題 ･･ 67

6章　角度変調 ･･ 68

- 6.1　周波数変調と位相変調 ････････････････････････････････ 68
- 6.2　周波数変調波のスペクトル ････････････････････････････ 69
- 6.3　周波数変調波の発生 ･･････････････････････････････････ 74
- 6.4　周波数変調波の検波 ･･････････････････････････････････ 77
- 6.5　周波数変調の信号対雑音電力比 ････････････････････････ 79
- 6.6　雑音電力が大きいときの振る舞い ･･････････････････････ 83
- 6.7　エンファシス ･･ 85
- 演習問題 ･･ 86

7章　PCM ･･･ 87

- 7.1　標本化 ･･ 87
- 7.2　量子化 ･･ 89
- 7.3　符号化 ･･ 92
- 7.4　符号化器と復号化器 ･･････････････････････････････････ 93
- 7.5　非直線量子化 ･･ 96
- 7.6　高能率符号化 ･･････････････････････････････････････ 103
- 演習問題 ･･ 106

8章　ディジタル変調 ････････････････････････････････････ 107

- 8.1　ディジタルベースバンド信号の符号誤り率 ････････････ 108
- 8.2　ASK ･･ 111

8.3　FSK ·· 113
　8.4　PSK ·· 114
　8.5　多値 PSK と QAM ··· 116
　8.6　OFDM ··· 119
　演習問題 ·· 121

9 章　伝送媒体 ·· 122
　9.1　金属からなる伝送線路 ··· 122
　9.2　光ファイバ ·· 131
　9.3　電波伝搬 ··· 136
　9.4　電力の表示 ·· 140
　演習問題 ·· 143

10 章　多重化 ··· 144
　10.1　時分割多重 ·· 144
　10.2　周波数分割多重 ··· 151
　10.3　波長分割多重 ··· 153
　10.4　空間分割多重 ··· 155
　10.5　符号分割多重 ··· 155
　10.6　そのほかの多重化技術 ······································ 157
　演習問題 ·· 159

11 章　媒体共有型ネットワークと多元アクセス ············ 160
　11.1　ALOHA ·· 161
　11.2　CSMA ·· 166
　演習問題 ·· 170

12 章　伝送符号 ·· 171
　12.1　伝送符号に求められる条件 ································· 171
　12.2　いろいろな伝送符号 ··· 172
　演習問題 ·· 177

13章　符号誤り制御 ……………………………………… **178**

13.1　垂直パリティ方式………………………………… 179
13.2　垂直・水平パリティ方式………………………… 179
13.3　CRC 方式…………………………………………… 180
13.4　ハミング距離と符号誤り制御…………………… 184
13.5　ハミング符号……………………………………… 186
13.6　たたみ込み符号…………………………………… 189
演習問題………………………………………………… 194

演習問題略解……………………………………………………… 195
引用文献・参考文献……………………………………………… 200
索　引……………………………………………………………… 201

コラム
通信システム発展の歴史………………………………………… 3
負の周波数………………………………………………………… 19
パーセバルの公式………………………………………………… 20
複素数平面上の信号表現………………………………………… 65
受動部品における電圧と電流の関係…………………………… 142
電圧（電流）の比を表す方法…………………………………… 143
表皮効果…………………………………………………………… 143

1章

通信システムと基礎理論

1.1 「通信」と「システム」

　広い意味での「通信」とは，離れた地点間において人間が直接あるいは間接的に情報をやりとりする行為である．距離が短い場合には音声や表情を用いて情報を直接やりとりする．それが不可能な長距離になると，狼煙や手旗信号，腕木通信といった原始的，古典的な方法や，文字を紙に書いて送り届ける方法（手紙），そして音声・画像の原信号やデータを電気あるいは光の信号に置き換えて送り届ける方法が用いられる．本書で述べる通信は，これらの中の最後の方法であり，現代社会でもっとも広く用いられている．

　現代社会における通信は，人間の間だけではなく，人間と機械（コンピュータ）あるいは機械と機械の間でも行われる．これは，20世紀後半における電子技術の飛躍的な発展により，機械が情報の加工や蓄積，送受信をできるようになったためである．

　「システム」とは，異なった機能をもつ複数の要素から成り立ち，それぞれの要素が分担・協調しあって全体で高度な機能が実現されるようにしたものである．世の中のすべてのものがシステムであると見なしても間違いではない．地球環境，人間社会，人間組織（企業，学校など），身体などのように実体として存在するもののほかに，制度や手順といったものもシステムである．あるシステムを構成する要素を分析・分解すると，より小さな要素からなるシステムであることがわかる．本書で扱うシステムは，上述した通信の機能を実現するためのものであり，これも多くの要素（機器，電子回路，部品）から成り立っている．

1.2 通信システムの構成

図1-1は，通信システムの構成を主要な機能ごとにブロックに分けて示したものである。音声信号や画像信号は，生成された時点においてアナログ信号であるため，符号化によってディジタル信号に変換される。コンピュータから出力されるデータ信号はもともとディジタル信号であるため符号化は不要である。通信システムでは，信号が伝わる媒体の特性によっては，変調という処理を通して信号変換を行う場合がある。たとえば，無線（ワイヤレス）通信のように電波が媒体として使われる場合には，電波に変形を加えることによって信号を伝えることになる。通信システムでは単一の信号のみを送ることは少なく，通常は複数の信号を束ねて一括して目的地へ送る。多重化とは信号を束ねて見かけ上1つの信号に変換する処理である。信号ごとに周波数を変えて多重化するために前述の変調が使われることもある。このようにして得られた信号は目的地に向けて送り出されるが，そのことを送信とよぶ。送信された信号は媒体を通して伝送され，相手の地点へ送り届けられる。

伝送を終えた信号は，相手の地点で受信され，もとの信号に復元される。そこでは，信号に対して送信側で行った処理（符号化，変調，多重化）とは逆の順序で逆の処理がなされることになる。受信側でなされる処理は，分離，復調（検波），復号化である。

信号が送信機や受信機，伝送媒体を伝わって行く際，それらの中で信号には雑音が付加されたり，歪が発生する。雑音や歪によって信号波形は変形を受けるため，雑音や歪の存在は通信システムの性能を低下させる。したがって，できる限り雑音や歪の影響を受けにくいシステムの構成が求められることになる。

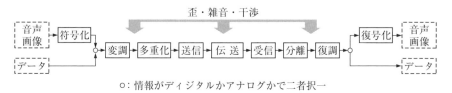

○：情報がディジタルかアナログかで二者択一

図1-1　通信システムの構成

1.3　本書で取り上げる基礎理論

　本書では，送信側から受信側に向けて伝えられる信号を数学的手法によってとらえ，「変調」・「復調（検波）」，「符号化」・「復号化」，「伝送」という機能が，信号とどのように関わっているかを理論的に解説する．そこでは，信号と歪や雑音との関係についても触れ，それらが信号波形に及ぼす影響とそれを低減する手法について説明する．1～6，9，10章がこれに対応する．ディジタル通信システムでは，パルス波形を用いて通信を行うため，符号化技術や符号誤り制御技術など，アナログ通信システムとは異なる手法が数多く用いられている．それらの基本技術についても解説する．7，8，11～13章がこれに対応する．

　本章のコラムには，通信システムの発展の歴史についてその概要を整理している．

通信システム発展の歴史

　電気信号を伝送するシステムの先駆けは毎秒数回程度発する断続信号を電線で伝える電信であった．電波の存在も実証されていない1830年代，シリング（P. Schilling）やモールス（S. Morse）によって電信機が発明され，1840年代にアメリカで電信業務が開始された．1860年代までにドーバー海峡，アメリカ大陸，大西洋を横断する電信線が相次いで商用化されて電信網が広まってきた中，1876年にベル（A. G. Bell）が電線による初の音声伝送を成功させて電話が発明された．
　日本ではペリー来航時に電信機がアメリカ大統領から幕府へ献上され，1869年に東京-横浜間で電信による電報業務が開始された．1870年代前半には日本初の国際海底電信線が開通して，日本が世界各地の電信網と結ばれた．その後，1890年に東京-横浜間で電話交換サービスが開始され，1905年には東京-佐世保間に電話線が開通している．
　初期の電信・電話回線の地上伝送線路は，空気を絶縁体とした裸銅線を電柱で支えた架空電線であり，降雨や降雪によって絶縁状態が変化して特性変動が大きかった．そこで絶縁体を施した平衡ケーブル（9.1節参照）が開発されたが，電気信号の減衰が大きく，長距離伝送は困難であった．

電気通信技術およびそれを利用したサービスは20世紀に入ってから飛躍的に発展した．以下には，その発展の歴史を技術分野に分けて紹介する．

装荷ケーブル伝送方式　減衰量を低減するためコイルを一定距離ごとに挿入する方式が考案された．これにより長距離伝送が可能となり，電話サービスが広範囲に発展する基礎が築かれた．

無装荷ケーブル伝送方式　上記の方式では伝送可能な帯域幅が狭いという問題があったが，1932年に松前・篠原が開発したコイルを挿入しない方式によってそれが克服された．1939年には東京から中国大陸までの約3 000 kmに及ぶ直通電話が開通し，その後の市外通話を担う主役となった．しかし平衡ケーブルでは，電気信号が隣接したケーブルに漏れる漏話とよばれる現象（9.1節参照）が問題であった．

同軸伝送方式　漏話の影響が比較的少ない同軸ケーブル（9.1節参照）が開発され，伝送線の主流となっていった．1962年，日本では世界に先駆けて電話2 700チャネルの多重化が実用に供され，同軸ケーブルは基幹伝送路の主役として全国に展開された．1973年には電話10 800チャネルを誇る方式が導入されたが，これがアナログ同軸伝送における最後の方式となった．

ディジタル有線伝送方式　ディジタル伝送の基礎となるパルス符号変調（7章参照）は1937年に提案された．1962年，米国で24通話路を時分割多重した方式が世界に先駆けて商用化された．一方，日本では近距離市外回線のコスト削減のため，1965年に既設の平衡ケーブルを用いて24通話路を多重化したPCM-24（1.544 Mb/s）が実用化された．その後，1972年に1 440通話路を実現した世界初のディジタル同軸伝送方式（97.728 Mb/s）が，次いで1977年には当時として世界最高の伝送速度と容量（5 760通話路）をもった方式（400.352 Mb/s）が実用化されて伝送網のディジタル化に大きく貢献した．

光ファイバ伝送方式　光技術の革新的な発展にともなって1970年代後半から光ファイバ伝送の実用化研究が世界中で本格化し，日本の技術がその牽引役となった．1981年には世界初の本格的な伝送方式（32.064 Mb/s）が開発され，1985年には長距離基幹伝送用の方式（397.2 Mb/s）が日本で商用化されて日本縦貫ルートに採用された．1990年代までは時分割多重技術（10.1節参照）が著しい進歩を遂げ，光ファイバ1本あたり10 Gb/sを達成した．次いで1990年代後半から2000年代には，波長の異なる複数の光信号を1本の光ファイバで伝送する波長分割多重技術（10.3節参照）が発展し，光ファイバ1本あたり1 Tb/sが実現されるようになった．2010年以降はディジタル信号処理（DSP）技術を取り入れたディジタルコヒーレント方式が用いられ，2013年には1波長あたり100 Gb/s，そして光ファイバ1本あたり8 Tb/sのシステムが導入されている．

固定無線方式　1901年にマルコニー（G. Marconi）による大西洋横断無線電信の成功によって無線伝送の歴史が歩み始めた．日本では1908年に無線公衆通信が開始された．当時は中波の1 MHz帯が用いられていたが，第2次世界大戦中にレーダなどの高

周波技術が著しく発展し，戦後まもなく超短波帯の 60 MHz 帯を用いた回線が日本を縦断した。そして 1951 年には 200 MHz 帯の回線が実用化され，日本の無線中継方式の基礎が築かれた。

　戦後の増大する通信需要に応えるためにマイクロ波の実用化研究が行われ，1948 年には米国で 4 GHz 帯が商用に供された。日本では 1954 年に 4 GHz 帯の回線が東京から大阪に至るルートに導入された。日本でマイクロ波伝送が急速に推進された背景として，テレビ産業が主要都市を結ぶ中継回線を必要としていたことがあげられる。その後，ディジタル化が検討され，1969 年には世界初の 2 GHz 帯 PCM ディジタル方式が，1974 年には準ミリ波帯の 20 GHz 帯を用いた方式が実用化された。

　衛星通信方式　最初の通信衛星は，地上からの受信信号を単に地上に向けて折り返す受動型（反射型）のものであり，1960 年に大西洋上に打ち上げられ，米国・欧州間で実験が行われた。地上からの受信信号を増幅・処理して地上へ返す能動型（電力増幅型）の通信衛星は，1962 年に初めて打ち上げられ，地球を 2 時間余りの周期で周回するものであった。地球の自転に同期した衛星（静止衛星）の実験が始まったのは 1963 年である。日米間でテレビ伝送実験が行われたのもこの年であった。1983 年に日本初の実用通信衛星 CS-2 が打ち上げられると，国内では多くの通信／放送衛星がそれに続き，1987 年には衛星放送も開始された。衛星通信方式では，主にマイクロ波および 20/30 GHz 帯の準ミリ波が使用され，離島通信，TV 中継，災害対策システムなどに利用されるようになった。近年では，高速列車などからも利用できるモバイルマルチキャスト衛星通信も開始されている。

　移動体無線通信方式　公衆移動無線電話は 1946 年に米国セントルイスで開始された 150 MHz 帯自動車電話に始まる。日本では 1953 年に港湾電話サービスが開始され，1961 年に 400 MHz 帯自動車電話が実用化された。800 MHz 帯のアナログ周波数変調方式を利用する本格的なサービスは，1979 年以降に全国へ拡大していった。この間，移動体を呼び出すページャサービス（ポケベル）が 1968 年に開始された。1980 年代中頃から自動車電話端末の小型軽量化が図られて，超小型携帯電話サービス「ムーバ」が 1991 年に登場した。その後まもなく，ユーザ数の増加に応えるために 4 値 PSK 変調（QPSK，8.5 節参照）方式によるディジタル化が行われ，2000 年代になると第 3 世代移動通信方式により画像と電子メールを扱う高速なマルチメディアサービスが実現するようになった。第 4 世代移動通信方式では 1 Gb/s 程度の通信速度が実現し，動画像サービスも可能となった。10 Gb/s 以上の通信速度を可能とする第 5 世代移動通信方式も検討されている。

2章

フーリエ級数とフーリエ変換

2.1 通信理論でフーリエ級数やフーリエ変換が必要とされる理由

　人間の聴覚は極めて低い周波数の音や，逆に極めて高い周波数の音に対して機能しない。つまり，聴覚には周波数依存性がある。通信システムにおいても同様のことがいえる。通信システムを構成している機器や電子回路は，一般にその特性に周波数依存性が存在する。入力信号と出力信号の電圧比（または電流比）が周波数によって異なる。

　したがって，通信システムを伝わる信号を議論するときには，その周波数ごとのレベル（大きさ）を把握しておく必要がある。図2-1には，ディジタル通信システムを伝わるパルス波形の例を示している。A はパルスの高さ，T は波形の周期，f は正弦波の周波数である。上段に描いた矩形波は，下段に描いた波形を合成したものと見なすことができる。これらは信号の周波数成分とよばれている。図2-1の①は直流であり，②を含めたその他の波形は正弦波である。下方に描かれた波形ほど高い周波数の正弦波になっている。ここではパルス波形の例を示したが，それ以外の周期波形も同様に正弦波の集まりと見なすことができる。波形が異なれば周波数ごとのレベルも異なったものとなる。

　図2-1で示した各周波数成分を表現するための数学的手法としてフーリエ級数があり，さらにそれを周期波形以外に発展させたものがフーリエ変換である。本章では，それらについて解説する。

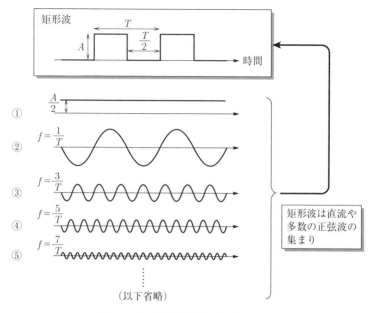

図 2-1　矩形波を構成する周波数成分

2.2　フーリエ級数

　2.1 節で述べたことを念頭に置きながら，信号にどのような周波数成分が含まれているかを表すための解析，すなわち周波数領域での信号表現について述べる。時刻 t の関数として表された任意の電圧または電流の信号 $f(t)$ が，図 2-2 のように時間間隔 T ごとに同じ波形をくり返す周期信号であれば，次式のように表すことができる。

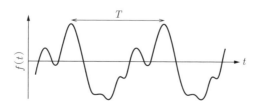

図 2-2　フーリエ級数によって表される周期信号

$$f(t) = a_0 + a_1\cos 2\pi f_0 t + a_2\cos 4\pi f_0 t + \cdots + a_n\cos 2n\pi f_0 t + \cdots$$
$$+ b_1\sin 2\pi f_0 t + b_2\sin 4\pi f_0 t + \cdots + b_n\sin 2n\pi f_0 t + \cdots \tag{2-1}$$
$$= a_0 + \sum_{n=1}^{\infty}(a_n\cos 2n\pi f_0 t + b_n\sin 2n\pi f_0 t)$$

ここで $f_0 = \frac{1}{T}$ であり,これは周期 T に対応した周波数である.各項は,相互に直交した関係(掛けあわせて時間 T にわたって積分すると 0 になる関係)にある.式 (2-1) の三角関数の係数は次のようになる.

$$a_0 = \frac{1}{T}\int_0^T f(t)dt \tag{2-2}$$

$$a_n = \frac{2}{T}\int_0^T f(t)\cos 2n\pi f_0 t\, dt \tag{2-3}$$

$$b_n = \frac{2}{T}\int_0^T f(t)\sin 2n\pi f_0 t\, dt \tag{2-4}$$

式 (2-1) をフーリエ級数とよぶ.ここで n は正整数である.

いま,2つの関数 $e(t)$ および $o(t)$ を,

$$e(t) = \frac{f(t) + f(-t)}{2} \tag{2-5}$$

$$o(t) = \frac{f(t) - f(-t)}{2} \tag{2-6}$$

と定義すると,

$$f(t) = e(t) + o(t) \tag{2-7}$$
$$e(t) = e(-t) \tag{2-8}$$
$$o(t) = -o(-t) \tag{2-9}$$

という関係が成り立つ.式 (2-7)〜(2-9) からわかるように,$e(t)$ および $o(t)$ はそれぞれ $f(t)$ の偶関数成分および奇関数成分である.このことをフーリエ級数に当てはめると,$\cos 2n\pi f_0 t$ の項は偶関数成分を表しており,$\sin 2n\pi f_0 t$ の項は奇関数成分を表していることがわかる.

フーリエ級数は複素数によって表現することも可能である.

$$\cos 2n\pi f_0 t = \frac{e^{j2n\pi f_0 t} + e^{-j2n\pi f_0 t}}{2}, \sin 2n\pi f_0 t = \frac{e^{j2n\pi f_0 t} - e^{-j2n\pi f_0 t}}{2j}$$

なる関係を用いると，式 (2-1)〜(2-4) を用いて次式を得ることができる．

$$f(t) = \sum_{n=-\infty}^{\infty} F_n e^{j2n\pi f_0 t} \tag{2-10}$$

ここで F_n は複素数であり，

$$F_n = \frac{1}{T} \int_0^T f(t) e^{-j2n\pi f_0 t} dt \tag{2-11}$$

である．式 (2-3) および式 (2-4) と式 (2-11) を比較すればわかるように，

$$a_n = F_n + F_{-n}$$
$$b_n = j(F_n - F_{-n})$$
$$F_n = \frac{a_n - jb_n}{2}$$
$$F_{-n} = \frac{a_n + jb_n}{2}$$

という関係がある．

2.3　フーリエ変換

　フーリエ級数は周期信号波形をその周期に基づく周波数成分に展開して表すものであった．ここでは非周期信号波形を周波数成分に分けて表す場合について述べる．

　時刻 t の関数として任意の電圧または電流の非周期信号 $f(t)$ が与えられ，$t < -\frac{T}{2}$，$\frac{T}{2} < t$ の時間領域において $f(t) = 0$ であるとする（図 2-3）．この波形をくり返して周期が T であるような周期信号 $f_T(t)$ をつくったとすると，$f_T(t)$ はフーリエ級数で表現でき，$T \to \infty$ のとき $f_T(t) \to f(t)$ となる．ここで，式 (2-10) および式 (2-11) と同様にして，

$$f_T(t) = \sum_{n=-\infty}^{\infty} F_n e^{j2n\pi f_0 t} \tag{2-12}$$

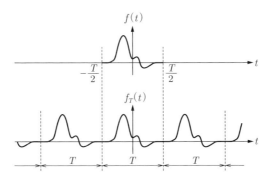

図 2-3 非周期信号 $f(t)$ と周期信号 $f_T(t)$ の関係

$$\begin{aligned} F_n &= \frac{1}{T}\int_0^T f_T(t)e^{-j2n\pi f_0 t}dt \\ &= \frac{1}{T}\int_{-\frac{T}{2}}^{\frac{T}{2}} f_T(t)e^{-j2n\pi f_0 t}dt \end{aligned} \tag{2-13}$$

という関係が成り立つので式 (2-13) を式 (2-12) に代入すると，

$$f_T(t) = \sum_{n=-\infty}^{\infty}\left\{\int_{-\frac{T}{2}}^{\frac{T}{2}} f_T(t)e^{-j2n\pi f_0 t}dt\right\}e^{j2n\pi f_0 t}\frac{1}{T} \tag{2-14}$$

となる．ここで n 番目と $n-1$ 番目の項の周波数差 Δf は，

$$\Delta f = nf_0 - (n-1)f_0 = f_0 = \frac{1}{T}$$

であるので，

$$f_T(t) = \sum_{n=-\infty}^{\infty}\left\{\int_{-\frac{T}{2}}^{\frac{T}{2}} f_T(t)e^{-j2n\pi f_0 t}dt\right\}e^{j2n\pi f_0 t}\Delta f \tag{2-15}$$

となる．$T \to \infty$ のとき $\Delta f \to df$, $nf_0 \to f$ と見なし，級数を積分に置き換えると，

$$f(t) = \int_{-\infty}^{\infty}\left\{\int_{-\infty}^{\infty} f(t)e^{-j2\pi f t}dt\right\}e^{j2\pi f t}df \tag{2-16}$$

$$= \frac{1}{2\pi}\int_{-\infty}^{\infty}\left\{\int_{-\infty}^{\infty} f(t)e^{-j\omega t}dt\right\}e^{j\omega t}d\omega \tag{2-17}$$

が成り立つ．ここで f は周波数を表し，信号 $f(t)$ とは異なる変数である．また，

$\omega\ (=2\pi f)$ は角周波数とよばれる.以上をもとにして得られる次の関係をフーリエ変換対とよぶ.

$$\begin{cases} f(t) = \int_{-\infty}^{\infty} F(f)e^{j2\pi ft} df & \text{(2-18)} \\ F(f) = \int_{-\infty}^{\infty} f(t)e^{-j2\pi ft} dt & \text{(2-19)} \end{cases}$$

これはまた,

$$\begin{cases} f(t) = \frac{1}{2\pi} \int_{-\infty}^{\infty} F_\omega(\omega)e^{j\omega t} d\omega & \text{(2-20)} \\ F_\omega(\omega) = \int_{-\infty}^{\infty} f(t)e^{-j\omega t} dt & \text{(2-21)} \end{cases}$$

とも表すことができる.ただし $F_\omega(2\pi f) = F(f)$ である.式 (2-19), (2-21) はフーリエ変換, 式 (2-18), (2-20) は逆フーリエ変換とよばれる.式 (2-18) および式 (2-20) には負の周波数という概念が含まれる.これについては本章末尾のコラムを参照のこと.

ここでフーリエ級数とフーリエ変換の例を取り上げてみる.図 2-4 に時間の関数である信号波形 $f(t)$ を示す.まず,図 (a) の周期波形に対してフーリエ級数を求めると,級数の係数は,

$$a_0 = \frac{A\tau}{T} \tag{2-22}$$

$$\begin{aligned} a_n &= \frac{2}{T} \int_0^T f(t) \cos\frac{2n\pi}{T} t\, dt \\ &= \frac{2A}{n\pi} \sin\frac{n\pi}{T}\tau \end{aligned} \tag{2-23}$$

$$b_n = 0 \tag{2-24}$$

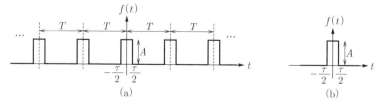

図 2-4　信号波形

となる。a_n が $f\left(=\frac{n}{T}\right)$ とともに変化するようすを図示すると図2-5のようになる。

次に図 (b) の非周期波形に対してフーリエ変換を行う。式 (2-19) より，

$$F(f) = \int_{-\infty}^{\infty} f(t) e^{-j2\pi ft} dt$$
$$= A \int_{-\frac{\tau}{2}}^{\frac{\tau}{2}} e^{-j2\pi ft} dt \tag{2-25}$$
$$= A \frac{\sin \pi f \tau}{\pi f}$$

を得ることができる。$F(f)$ を図示すると図2-6のようになる。ここで，sinc関数として知られている，

$$\mathrm{sinc}(x) = \frac{\sin x}{x}$$

を用いて式 (2-25) を表すと，

$$F(f) = A\tau \,\mathrm{sinc}(\pi f \tau) \tag{2-26}$$

となる。図2-6のように信号を周波数成分によって表したものをスペクトルという。

図2-5と図2-6を比較すると，図2-5の離散的なスペクトルの最大値を結ぶ包絡線（図では破線で表現）の形状が，図2-6におけるスペクトル分布の形状と同じであるのがわかる。図2-5においては周波数 $\frac{1}{T}$ の整数倍である周波数成分だけしか存在しないが，図2-6では周波数成分は連続的に分布している。

図2-6にあるように，周波数 f は負の値にまで拡張されている変数である。そ

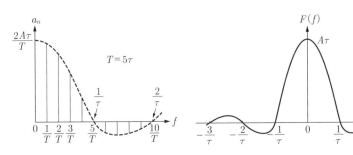

図 2-5　係数 a_n の振る舞い　　　　図 2-6　$F(f)$ と f の関係

れに対して，通信に関わる実験やそこで得られるデータでは周波数は正の値として扱われる．理論において周波数が負の値としても扱われる根拠については，本章の末尾のコラムで述べている．式 (2-25) の場合，$F(f)$ は実数となっているが，一般的には複素数となる．

2.4　たたみ込み積分と伝達関数

電子回路に入力される信号の波形 $f(t)$ が与えられたとき，出力の波形 $g(t)$ を予測できるようにするためには，電子回路の振る舞いをどのように表せばよいだろうか．図 2-7(a) で示したように，入力信号波形 $f(t)$ は，時間幅の極めて小さいパルスが多数合成されてできあがっていると見なすことができる．そうすると，このような時間幅の極めて小さいパルス1個が電子回路に入力されたときの出力信号波形さえわかっていれば，任意の入力信号波形 $f(t)$ に対しても出力信号波形を求めることができる．多数のそれぞれのパルスに対する出力信号波形を，$f(t)$ で重み付けしながら合成してやれば，全体の出力信号波形を得ることができるからである．

そこでいま，図 2-7(b) に示すような時間幅の極めて小さいパルスを考える．このパルスは，面積を1に維持しつつパルス幅 Δt を限りなく0に近づけた波形であり，インパルスとよばれる．インパルスは，

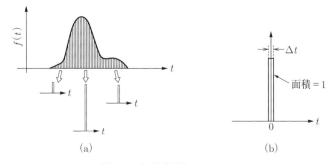

図 2-7　信号波形とインパルス

$$\delta(t) = 0 \quad \left(t < -\frac{\Delta t}{2}, t > \frac{\Delta t}{2}\right)$$
$$\int_{-\frac{\Delta t}{2}}^{\frac{\Delta t}{2}} \delta(t)dt = 1$$
(2-27)

として定義されるデルタ関数 $\delta(t)$ によって表すことができる。ただし $\Delta t \ll 1$ である。

　いま，電子回路に対して時間 $t=0$ に中心をもつインパルスが入力されたときの出力信号波形（これをインパルス応答とよぶ）が $h(t)$ であるとする（図 2-8(a)）。この電子回路に信号波形 $f(t)$ が入力されたときの出力波形 $g(t)$ は，次のように考えることにより求めることができる。時間 $t=\tau$ に中心をもつインパルスに対する出力波形は $h(t-\tau)$ となるので，図 2-8(b) に示すように時間 $t=\tau$ に中心をもち面積が $f(\tau)\Delta t$ である時間幅の極めて小さいパルスに対する出力は $h(t-\tau)f(\tau)\Delta t$ となる。時間 $t=0$ と時間 $t=\tau$ 間には n 個の Δt が存在するものとすると，$\tau = n\Delta t$ と表すことができるので，出力は $h(t-n\Delta t)f(n\Delta t)\Delta t$ となる。このとき出力波形 $g(t)$ は，すべての個別インパルスに対する出力を合成したものであるから，

$$g(t) = \sum_{n=-\infty}^{\infty} h(t-n\Delta t)f(n\Delta t)\Delta t$$

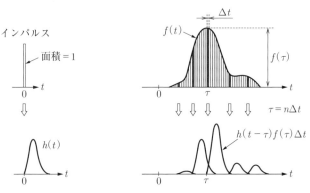

(a) インパルス入力と出力波形　　(b) 入力波形 $f(t)$ と出力波形（部分）

図 2-8　インパルスと入出力信号波形

となり，$\Delta t \to 0$ なる極限においては，$n\Delta t \to \tau$，$\Delta t \to d\tau$ と見なせるので，

$$g(t) = \lim_{\Delta t \to 0} \sum_{n=-\infty}^{\infty} h(t - n\Delta t) f(n\Delta t) \Delta t$$
$$= \int_{-\infty}^{\infty} h(t - \tau) f(\tau) d\tau \tag{2-28}$$

となる。このとき，右辺は関数 $h(t)$ と $f(t)$ のたたみ込み積分という。つまり，インパルス応答波形 $h(t)$ をもつ電子回路に波形 $f(t)$ が入力されたときの出力波形は，式 (2-28) のように2つの波形のたたみ込み積分によって表されることになる（図 2-8）。

ここで式 (2-18) および式 (2-19) で表されるフーリエ変換対を，便宜上，

$$f(t) \Leftrightarrow F(f) \tag{2-29}$$

と表すことにする。同様に，

$$h(t) \Leftrightarrow H(f) \tag{2-30}$$
$$g(t) \Leftrightarrow G(f) \tag{2-31}$$

なる関係が成り立つものとする。このとき式 (2-28) の両辺のフーリエ変換を求める。

$$\text{左辺のフーリエ変換} = G(f)$$
$$\text{右辺のフーリエ変換} = \int_{-\infty}^{\infty} \left\{ \int_{-\infty}^{\infty} h(t-\tau) f(\tau) d\tau \right\} e^{-j2\pi ft} dt$$
$$= \int_{-\infty}^{\infty} f(\tau) \left\{ \int_{-\infty}^{\infty} h(t-\tau) e^{-j2\pi ft} dt \right\} d\tau$$

ここで $t - \tau = u$ として変数変換をすると，内側にある積分の積分範囲は変わらず，$dt = du$ であるから，

$$\text{上式} = \int_{-\infty}^{\infty} f(\tau) \left\{ \int_{-\infty}^{\infty} h(u) e^{-j2\pi fu} du \right\} e^{-j2\pi f\tau} d\tau$$
$$= \int_{-\infty}^{\infty} f(\tau) H(f) e^{-j2\pi f\tau} d\tau$$
$$= \int_{-\infty}^{\infty} f(\tau) e^{-j2\pi f\tau} d\tau \cdot H(f)$$
$$= F(f) \cdot H(f)$$

図 2-9 周波数領域での入出力表現

となる．したがって，

$$G(f) = F(f) \cdot H(f) \tag{2-32}$$

を得ることができる．すなわち，入力信号波形 $f(t)$ のフーリエ変換 $F(f)$ に，線形電子回路がもつインパルス応答 $h(t)$ のフーリエ変換 $H(f)$ を掛けたものが出力信号波形 $g(t)$ のフーリエ変換 $G(f)$ となる．入力信号波形，線形電子回路の特性，出力信号波形という3者の間にある関係は，時間領域ではたたみ込み積分という複雑な表現式でしか表すことができなかったが，フーリエ変換をした周波数領域では掛け算という極めて簡単な表現式で表すことができる．図2-9は式 (2-32) の関係を図式的に示したものである．

式 (2-32) を変形すると，

$$H(f) = \frac{G(f)}{F(f)} \tag{2-33}$$

となる．入出力波形のフーリエ変換 $F(f)$，$G(f)$ から得ることができるこの $H(f)$ を線形電子回路の伝達関数とよぶ．

ここでインパルス入力のフーリエ変換を $F_{impulse}(f)$，インパルス応答（出力）のフーリエ変換を $G_{impulse}(f)$ としてみる．このとき $\Delta t \to 0$ と見なすと，

$$\begin{aligned} F_{impulse}(f) &= \int_{-\infty}^{\infty} \delta(t) e^{-j2\pi ft} dt \\ &= \int_{-\frac{\Delta t}{2}}^{\frac{\Delta t}{2}} \delta(t) e^{-j2\pi ft} dt \\ &= 1 \end{aligned}$$

となる．したがって，これらの関係を式 (2-33) に代入すると次の関係が成り立つ．

$$H(f) = \frac{G_{impulse}(f)}{F_{impulse}(f)} = G_{impulse}(f) \tag{2-34}$$

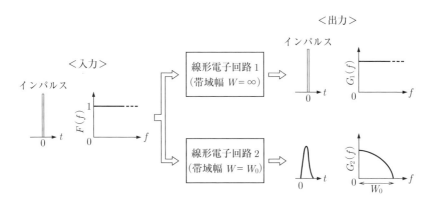

図 2-10 インパルス応答の時間領域と周波数領域での表現

このことから，電子回路の伝達関数は，電子回路のインパルス応答をフーリエ変換したものとも見なせる。逆に電子回路のインパルス応答は，伝達関数を逆フーリエ変換することによって求められることがわかる。

図2-10には，線形電子回路の特性によってインパルス応答が異なるようすを時間領域と周波数領域で示している。あらゆる周波数に対して均一に振る舞う電子回路，すなわち帯域幅が無限大の電子回路にインパルス入力があると，そのときの出力はやはりインパルスであり，その周波数成分が占める周波数幅（占有帯域幅）は無限大である。それに対して帯域幅が有限である電子回路の場合には，出力は有限な幅をもつパルスとなり，その占有帯域幅は電子回路がもつ帯域幅と同じになる。

2.5　電力スペクトル

電圧あるいは電流として表される有限な大きさの信号波形を $f(t)$ とし，$-\frac{T}{2} \leq t \leq \frac{T}{2}$ の波形だけを取り出し，それ以外では0となるような信号波形を $f_{<T>}(t)$，そのフーリエ変換を $F_{<T>}(f)$ と表すことにする。いま抵抗で消費されるエネルギーを考えると，この信号波形がもつ全エネルギー $E(T)$ は，パーセバル（Parseval）の公式（本章末尾のコラム参照）を用いて，

$$E(T) = \int_{-\infty}^{\infty} f_{<T>}(t)^2 dt = \int_{-\infty}^{\infty} |F_{<T>}(f)|^2 df \tag{2-35}$$

となる。式 (2-35) で抵抗の値に関わる係数は省略している。これより時間幅 T での平均電力 $P(T)$ は，

$$\begin{aligned}P(T) &= \frac{1}{T}\int_{-\frac{T}{2}}^{\frac{T}{2}} f(t)^2 dt \\ &= \frac{1}{T}\int_{-\infty}^{\infty} f_{<T>}(t)^2 dt \\ &= \frac{1}{T}\int_{-\infty}^{\infty} |F_{<T>}(f)|^2 df\end{aligned} \tag{2-36}$$

となる。したがって $\dfrac{|F_{<T>}(f)|^2}{T}$ が平均電力の密度（1 Hz あたりの平均電力）になるので，$T \to \infty$ の極限を求めると，

$$W(f) = \lim_{T\to\infty} \frac{|F_{<T>}(f)|^2}{T} \tag{2-37}$$

は有限な値となる。これを電力スペクトル密度あるいは電力密度スペクトルとよび，信号波形のもつ平均電力が周波数に対してどのように分布しているかを表す。ここで負の周波数は物理的に存在しないので，$|F_{<T>}(f)| = |F_{<T>}(-f)|$ という関係を用いて正の周波数領域のみで電力スペクトル密度を表すと，

$$W_p(f) = \lim_{T\to\infty} \frac{2|F_{<T>}(f)|^2}{T} \tag{2-38}$$

となる。

コラム

負の周波数

　信号波形に関する理論においては，周波数を正だけでなく負の値にまで拡張して数式を扱うことがある。実験において周波数を測定したり発振器の周波数を設定したりするときには，周波数は通常正の物理量として扱われる。そのため，負の周波数は直感に結びつきにくい。ここでは，理論において負の周波数が使われる理由について述べる。

　実数として扱われる正弦波関数 $\cos 2\pi ft$ の値を，複素平面上の実数軸上に位置づけると図 2-C1 のようになる。つまり $\cos 2\pi ft = \dfrac{e^{j2\pi ft} + e^{-j2\pi ft}}{2}$ という関係式をもとにすると，実数軸上に示されている $\cos 2\pi ft$ は，複素平面上の 2 つの複素数 $e^{j2\pi ft}$ と $e^{-j2\pi ft}$ を加算して 2 で割ったものと見なすことができる。このことは $\cos 2\pi ft$ が，大きさが 1/2 で時間とともに反時計方向へ回転するベクトルに対応した複素数 $\dfrac{e^{j2\pi ft}}{2}$ と，同様に時計方向へ回転するベクトルに対応した複素数 $\dfrac{e^{-j2\pi ft}}{2} = \dfrac{e^{j2\pi(-f)t}}{2}$ とに分解できることを意味している。これらの複素数をもとに，反時計方向へ回転する成分を正の周波数成分と位置づけ，時計方向へ回転する成分を負の周波数成分に位置づけることができる。

　線形電子回路によって正弦波が受ける変化には，振幅の変化と位相の変化がある。これらの変化を数式の演算によって表そうとすると，正弦波を複素数表示することで扱いが簡単になる。振幅の変化（k 倍）と位相の変化（増加 θ）を複素数（$ke^{j\theta}$）を掛ける演算によって表現できるようになるためである。ただし，その場合，通常は正の

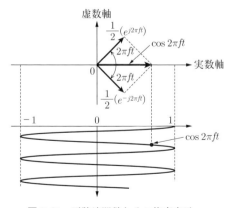

図 2-C1　正弦波関数とその複素表示

周波数成分のみに対して演算操作がなされる。負の周波数成分は，正の周波数成分の複素共役として求めることができる。

多くの理論は正の周波数のみでつくられており，それですべてが記述できる。しかし，検波器のように非線形処理をして周波数が大きく遷移する場合には，負の周波数も考慮することで理論が理解しやすくなる。

パーセバルの公式

2つの時間関数 $x(t)$, $y(t)$ があり，それぞれのフーリエ変換を $X(f)$, $Y(f)$ とする。このとき，

$$\begin{aligned}\int_{-\infty}^{\infty} X(f)Y^*(f)df &= \int_{-\infty}^{\infty} X(f)df \int_{-\infty}^{\infty} y(t)e^{j2\pi ft}dt \\ &= \int_{-\infty}^{\infty} y(t)dt \int_{-\infty}^{\infty} X(f)e^{j2\pi ft}df \\ &= \int_{-\infty}^{\infty} x(t)y(t)dt\end{aligned} \tag{2-C1}$$

が成り立つ。ここで $Y^*(f)$ は $Y(f)$ の複素共役である。上式において $x(t)=y(t)$ とすると，

$$\int_{-\infty}^{\infty} |X(f)|^2 df = \int_{-\infty}^{\infty} x(t)^2 dt \tag{2-C2}$$

なる関係式が得られる。これは振幅スペクトルの絶対値を2乗したものの全周波数に及ぶ積分は，もとの時間関数の全エネルギーに等しいことを意味している。

演習問題

2-1 式 (2-1) のフーリエ級数において $f(t)$ の 1 周期 T にわたる平均値を求めよ。

2-2 図のような周期関数 $f(t)$ のフーリエ級数を求めよ。

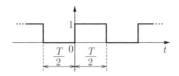

2-3 図の関数 $f(t)$ のフーリエ変換 $F(f)$ を求めよ。

2-4 図のようなインパルス応答 $h(t)$ をもつ電子回路に信号波形 $f(t)$ が入力したときの出力 $g(t)$ を求め,その概形を描け。

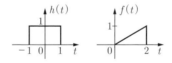

2-5 図のようなフーリエ変換 $F(f)$ をもつ信号波形が伝達関数 $H(f)$ をもつ線形電子回路に入力したとき,出力波形 $g(t)$ のフーリエ変換を $G(f)$ とする。$G(f)$ を図示し,$g(t)$ を数式で求めよ。

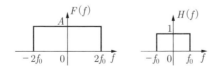

3章

歪と雑音

3.1 歪

(1) 非線形歪

　人間が外界から得る情報は，時間とともに変化する信号として感覚器官から取り込まれ，ニューロンを経て脳へ伝えられる。また逆に，口や手などの運動器官は脳からの時間とともに変化する信号によって制御される。通信機器の入出力信号も同様であり，通信機器内部にある電子回路に対して，時間とともに変化する電気信号が入出力ポートから出入りし，機器の間で情報がやりとりされる。

　信号には，大きく分けるとアナログ信号とディジタル信号がある。アナログ信号は，人間が五感を通して受け取る信号のように，信号のレベルが時間とともに連続的に変化する信号である。たとえば，風に揺らぐ木の葉のようすや鐘の音の余韻などは，典型的なアナログ信号である。一方ディジタル信号は，近年，電子機器の入出力信号として用いられているものであり，信号のレベルが時間とともにあらかじめ定められた複数の値の間で不連続的に変化する信号である。電子機器にこのような信号が用いられる理由は，信号のとるべきレベルがあらかじめ定められているため，信号に乱れ（歪，雑音）が生じてもそれが一定値より小さければ，もとの信号に完全に修復できることである。

　図3-1には信号の波形例を示している。横軸は時間，縦軸は信号の瞬時レベル（電圧または電流）である。図(a)にはアナログ信号の例として正弦波，図(b)にはディジタル信号の例として矩形波を示している。図(a)では，信号レベルが最大値と最小値の間で連続的に変化している。図(b)では，信号レベルは2つの値を不連続的にとっている。

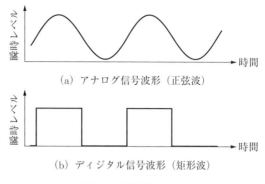

(a) アナログ信号波形（正弦波）

(b) ディジタル信号波形（矩形波）

図 3-1 信号波形の例

図 3-2 には，電子回路や伝送路がもつ 2 つの典型的な入出力特性と，それらに対応した信号波形の関係を示している．入力信号波形として正弦波と矩形波が示されている．A の入出力特性は，入力レベルと出力レベルの間に比例関係があるため，直線で描かれている．この場合，入力信号波形が正弦波，矩形波のいずれであろうと，出力信号波形は入力信号波形と同じ形状になっている．このような入出力特性を線形という．これに対して B では，入力レベルと出力レベルの関係は曲線で描かれている．入力レベルが一定値以下であれば，入力レベルの増加とともに出力レベルも同じく増加する．しかし，入力レベルが一定値を超える

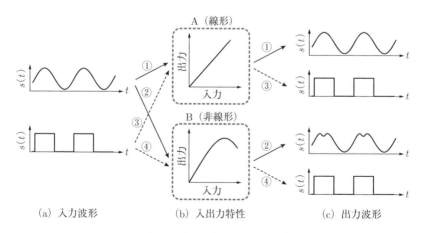

(a) 入力波形　　(b) 入出力特性　　(c) 出力波形

図 3-2 入出力特性と信号波形の関係．入出力特性が線形の場合，入力波形と出力波形が一致．非線形の場合は不一致

と，入力レベルの増加とともに出力レベルは減少する。そのため，正弦波の入力に対する出力信号波形は入力信号波形とは違った形状になっている。しかし，矩形波の入力に対する出力信号波形は，入力信号波形と同じ形状となる。このような入出力特性を非線形という。

増幅あるいは減衰によって出力信号波形を入力信号に一致させることができないとき，出力信号には歪が存在するという。図 3-2 で示したように，入出力特性が非線形であるとき，アナログ信号には歪が生じる。この歪を非線形歪とよぶ（非直線歪ともいう）。

現実の電子回路では，信号のレベルが小さいときには線形の入出力特性を示すが，信号のレベルが大きくなると，一般的に非線形の入出力特性を示すようになる。これは，信号レベルの増大とともに，電子回路を構成する素子の特性に飽和現象（出力レベルが頭打ちになる現象）が見られるようになるためである。本書では，特に断らない限り線形の入出力特性を前提に信号の振る舞いを見ていくことにする。

(2) 線形歪

入出力特性が線形である場合には歪はまったく生じないのであろうか。実はそのような場合にも，前項で述べた理由以外の現象によって歪は生じる。以下ではそのことについて述べる。

例としてアナログ信号 $f(t)$ が，

$$f(t) = 2\sin 2\pi f_0 t + \sin\left(6\pi f_0 t + \frac{\pi}{2}\right) \tag{3-1}$$

と表されるものとしよう。図 3-3(a) にはこの $f(t)$ を示している。

いま電子回路または伝送線路があって，その入出力特性が線形であるとする。ただしそれらを通過する際，信号は減衰を受け，しかもその減衰の大きさが周波数によって異なるとする（このような性質を周波数依存性という）。たとえば，式 (3-1) で表される信号成分のうち周波数 $f_1 = f_0$ で変化する成分（第 1 項）は減衰を受けず振幅が同じ（1 倍）であり，周波数 $f_2 = 3f_0$ で変化する成分（第 2 項）は減衰を受けて振幅が 0.4 倍になるとする。このときの出力信号は，

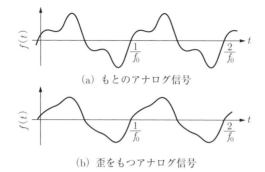

(a) もとのアナログ信号

(b) 歪をもつアナログ信号

図 3-3　周波数依存性のある減衰によって生じるアナログ信号の歪

$$f(t) = 2\sin 2\pi f_0 t + 0.4\sin\left(6\pi f_0 t + \frac{\pi}{2}\right) \tag{3-2}$$

となる．この信号波形を図示すると図 3-3(b) のようになる．もとの波形と比べると明らかに形状に違いがあり，歪が生じていることがわかる．

このように，周波数によって大きさの異なる増幅や減衰を受けると，信号には歪が生じる．この歪は線形歪（または直線歪）とよばれ，前項で述べた非線形歪とは区別されている．

式 (3-1) の信号は，横軸を周波数，縦軸を振幅とした図を用いて表現すると図 3-4(a) のようになる．式 (3-1) の第 1 項および第 2 項はそれぞれ図 3-4(a) の左側の直線 (f_0) および右側の直線 ($3f_0$) に対応している（厳密にいうならば，信号に $\cos 2\pi f_0 t$ が含まれている場合には，$\sin 2\pi f_0 t$ とは区別して図示しなければならないが，式 (3-1) には含まれていないのでそれを省略している）．ここで，式 (3-1) で表される信号は 2 つの周波数成分（f_0 および $3f_0$）のみからなる特殊

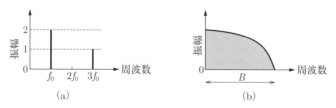

図 3-4　周波数領域で表した信号

な例である.実際の信号では通常は多数の周波数成分を有するので,表現が複雑なものになる.図 3-4(b) には実際の信号の例を示す.

図 3-4(b) において信号が占有する周波数幅 B のことを信号の占有帯域幅とよぶ.1 信号あたりの占有帯域幅が大きいと,定められた周波数資源のもとでは伝送できる信号数が減ってしまう.したがって,同じ情報を伝えるにしてもできる限り占有帯域幅を小さくすることが通信システムには求められる.

電子回路や伝送路によって信号が受ける減衰は,一般的には前述したように周波数ごとに異なったものとなる.図 3-5(a) は,式 (3-1) の信号波形が減衰を受けて式 (3-2) の波形となる場合を図示したものである.横軸は周波数,縦軸は入出力信号の振幅比である.縦軸方向の値が小さいほど減衰が大きいことを意味している.ここで,図 3-5(a) の左側および右側の直線の位置 (f_0 および $3f_0$) はそれぞれ式 (3-2) の第 1 項および第 2 項の周波数に対応している.実際の電子回路や伝送線路では,減衰は周波数とともに連続的に変化しながら高い周波数になるほど大きくなる.その例を図 3-5(b) に示す.ここでも減衰は周波数ごとに違った値をとる.これが前述した線形歪の原因である.

図 3-5(b) において,出力信号を取り出すことができる周波数幅 W のことを電子回路や伝送路の帯域幅とよぶ.通信システムを構成する電子回路や伝送路の帯域幅を大きくすることによって,同時に伝送できる信号数を増やすことができ,その結果通信システムの容量を増やすことができる.

以上からわかるように,通信システムにおける信号の振る舞いを把握しようとすると,時間領域だけではなく周波数領域での検討も必要である.

入出力特性が線形である場合には,周波数成分相互の干渉は存在せず,各周波

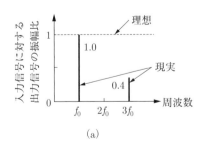 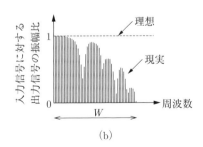

(a)　　　　　　　　　　　　　　(b)

図 3-5 周波数領域で表した入出力特性(縦軸の値が小さいほど減衰は大きくなる)

数成分は独立に扱うことができる.すなわち,ある周波数における入力信号の振幅と電子回路や伝送路の入出力特性がわかれば,その周波数における出力信号は一意的に決まる.一方,入出力特性が非線形であるときには,周波数成分は独立に扱うことはできず,互いに干渉し合ってその結果が出力に現れることになる.

(3) 線形歪が生じないための条件

入出力特性が線形である場合にも歪(線形歪)が発生することはすでに述べた.ここではこの歪が生じないための条件について述べる.

図3-6に示すように,入力信号と出力信号を比較して両者のレベルの間に常に比例関係があれば,レベルの違いは増幅器で容易に修復できる(図(a)).たとえ時間軸方向に遅延差(図では τ)があっても,その電子回路には線形歪はない.一方,このような比例関係がなければ線形歪が存在する(図(b)).

線形歪がないとき,入力 $x(t)$ と出力 $y(t)$ の間には,

$$y(t) = kx(t - \tau) \tag{3-3}$$

なる関係が成り立つ.ここで,k は入力信号と出力信号のレベル比を表す係数,τ は入力信号を基準にしたときの出力信号の遅延である.$x(t)$ と $y(t)$ のフーリエ変換をそれぞれ $X(f)$,$Y(f)$ とすると,式(3-3)の両辺のフーリエ変換として,

$$Y(f) = kX(f)e^{-j2\pi f\tau} \tag{3-4}$$

を得ることができる.このとき伝達関数 $H(f)$ は,

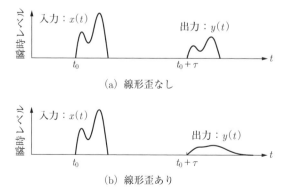

図 3-6　線形歪の有無と入出力信号波形

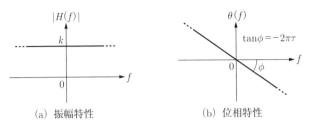

(a) 振幅特性　　　　　　(b) 位相特性

図 3-7　無歪であるときの伝達関数

$$H(f) = |H(f)|e^{j\theta(f)} = \frac{Y(f)}{X(f)} = ke^{-j2\pi f\tau} \tag{3-5}$$

となる。ここで，$|H(f)|$ は複素数である伝達関数 $H(f)$ の絶対値がもつ周波数依存性であり，$\theta(f)$ は角度がもつ周波数依存性である。これより振幅特性は，

$$|H(f)| = k \tag{3-6}$$

となり，位相特性は，

$$\theta(f) = -2\pi f\tau \tag{3-7}$$

となる。これら2式をあわせて線形電子回路の無歪条件とよぶ。式 (3-6) および式 (3-7) の関係を図示すると図 3-7 のようになる。すなわち，振幅特性は周波数に依存しない一定値であり，位相特性は周波数に比例する。

3.2　雑音

(1) 確率密度関数と雑音

通信において発生する雑音は，人間にとっても通信機器にとっても予測できない現象である。そこで，雑音を確率的にとらえ，確率密度関数 $p(x)$ を当てはめて考えることにする。値が確定的に決まらず確率的に決まる変数を確率変数という。確率変数 X が x と $x + \Delta x$ の間となる確率を $P\{x \leq X \leq x + \Delta x\}$ と表すと，式 (3-8) で定義される関数 $p(x)$ を確率密度関数とよぶ。

$$p(x) = \lim_{\Delta x \to 0} \frac{P\{x \leq X \leq x + \Delta x\}}{\Delta x} \tag{3-8}$$

確率密度関数には，

$$\int_{-\infty}^{\infty} p(x)dx = 1 \tag{3-9}$$

という性質がある。

確率変数の値 x を確率 $p(x)dx$ で重み付けして，x の全領域にわたって積分した値，

$$\bar{x} = \int_{-\infty}^{\infty} xp(x)dx \tag{3-10}$$

を平均値という。また，$(x-\bar{x})^2$ に対して同様に重み付けと積分をした値，

$$\overline{(x-\bar{x})^2} = \int_{-\infty}^{\infty} (x-\bar{x})^2 p(x)dx \tag{3-11}$$

を分散という。

図 3-8 には，離散的な時間における雑音レベルと確率密度関数の関係を示している。図 (a) では，離散的な時間を縦線で表し，それぞれの時間における雑音のレベルを黒点で表している。図の縦軸に沿ってとらえた黒点の密度は，図 (b) に示す確率密度関数で近似することができる。

通信の分野ではこの確率密度関数 $p(x)$ を正規分布（ガウス分布），

$$p(x) = \frac{1}{\sqrt{2\pi\sigma^2}} e^{-\frac{(x-m)^2}{2\sigma^2}} \tag{3-12}$$

で表すことが多い。これの平均値は，

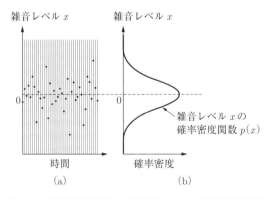

図 3-8 離散的な時間における雑音レベルと確率密度関数

$$\bar{x} = m \tag{3-13}$$

である。雑音の極性は正と負を均等にとることから，雑音レベルの平均値は0となるため，$m=0$ と見なすことができる。一方，分散は，

$$\overline{(x-\bar{x})^2} = \sigma^2 \tag{3-14}$$

である。これは雑音の平均電力に相当している。ガウス分布に従う雑音はガウス雑音とよばれる。

(2) 白色雑音

2.3節において，信号波形は一般にさまざまな周波数成分を有しており，これをスペクトルとよぶと述べた。そして電力の周波数領域での密度を電力スペクトル密度ということにも触れた（2.5節参照）。雑音にもこれと同じようにスペクトルや電力スペクトル密度が存在する。

電力スペクトル密度がすべての周波数にわたって一定値であるとき，そのような雑音を白色雑音（または white noise）とよぶ。光がすべての周波数（波長）成分をもち，しかもそれらの強度がほぼ等しいとき，その光は人間の眼に白く見える。「白色」という語はこのことにたとえて付けられている。

白色雑音の電力スペクトル密度 $S_N(f)$ は，

$$S_N(f) = \frac{N_0}{2} \ [\mathrm{W/Hz}] \tag{3-15}$$

と表される。ここで N_0 は，周波数 f を正の領域だけで表現したときの現実の電力スペクトル密度である。周波数 f は，フーリエ変換のところで考えたのと同様，負の値にまで拡張できる変数である。式 (3-15) の右辺に分母を設けそれを「2」としているのは，f の正の領域と負の領域に電力スペクトルを分散させているためである（図 3-9）。

白色雑音の電力スペクトル密度は無限の周波数の広がりをもっているので，式 (3-15) を周波数軸上で積分して得られる平均電力は無限大となる。このことは現実的でないので，白色雑音は実際には存在しないことになる。しかし，実際の雑音の電力スペクトルは極めて広く，通信システムで扱う信号の占有帯域幅の範

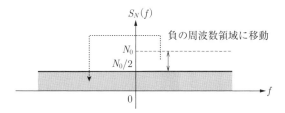

図 3-9 白色雑音の電力スペクトル密度

囲内ではほぼ一定値であると見なせる．そのため，理論のうえでは，取り扱いが容易な白色雑音が近似的に多く用いられる．

(3) 信号対雑音電力比

通信の品質は，受信機で受信した信号の電力が高ければよいというわけではない．信号の電力レベルが高くても，同時に受信機で検出する雑音のレベルが高いと，それに応じて品質は低下してしまう．通信の品質は信号のレベルと雑音のレベルの相対比で決まる．

この相対比を表す指標として，信号対雑音電力比（略して SN 比とよぶこともある）がある．これは，信号および雑音の平均電力をそれぞれが S および N とし，信号の電圧または電流に対応する波形を $f(t)$，雑音の波形を $n(t)$ としたとき，信号対雑音電力比は，

$$\frac{S}{N} = \frac{\left\{\int_0^T f(t)^2 dt\right\}/T}{\left\{\int_0^T n(t)^2 dt\right\}/T} = \frac{\overline{f(t)^2}}{\overline{n(t)^2}} \tag{3-16}$$

と表される．ここで T は信号の継続時間であり，$\overline{x(t)}$ は関数 $x(t)$ の t に関する平均を意味している．式 (3-16) は信号電力と雑音電力の単純比であるが，一般的には対数を用いたデシベル比，

$$\frac{S}{N} = 10\log_{10} \frac{\overline{f(t)^2}}{\overline{n(t)^2}} \ \text{[dB]} \tag{3-17}$$

が用いられる．

いま，現実的な正の周波数領域のみで考えるものとし，電力スペクトル密度 N_0 をもつ白色雑音が存在する状況を想定する．このとき，帯域幅が W である受信機を用いて信号を受信したとすると，式 (3-16) および式 (3-17) の分母（雑音の平均電力）は両者の積 $N_0 W$ として表すことができる．

演習問題

3-1 左下図のような信号波形 $x(t)$ が電子回路に入力したとき，線形電子回路の出力信号波形は図 (a)～(c) のうちどれか．またその理由も述べよ．

(a) (b) (c)

3-2 ある電子回路に図 (a) の信号波形が入力したとき，図 (b) の信号波形が出力された．この電子回路の伝達関数が無歪条件の式 (3-5) を満たすことを示せ．

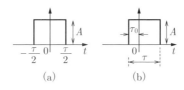

(a) (b)

3-3 雑音 x が $0\,[\mathrm{V}] \leq x \leq 3\,[\mathrm{V}]$ の範囲に分布し，その確率密度関数は一様密度 $p(x) = \frac{1}{3}$ である．この雑音の平均値と分散を求めよ．また，この雑音の瞬時レベル x を測定するとき，それが $0.6\,[\mathrm{V}]$ 以上である確率 $P\{0.6 \leq x\}$ を求めよ．

3-4 正の周波数のみで定義した電力スペクトル密度 $3\,\mu\mathrm{W/Hz}$ の白色雑音がある．これが $5\,\mathrm{kHz}$ 以下のみをそのまま通過させる低域通過フィルタを通ったあとの雑音電力はいくらか．

3-5 ある受信機の入力で，信号と雑音の平均電力がそれぞれ $20\,\mathrm{mW}$ と $200\,\mu\mathrm{W}$ である．このときの信号対雑音電力比をデシベル比で表せ．

4章

変調の基礎

4.1 変調の意味

　人が音声によって送り手から受け手へ情報を伝えるときのことを考えてみる。送り手は，発しようとする音声に対応させて唇や舌を動かす。このことによって声帯から出る空気振動に変化を与える（図 4-1）。人が楽器の演奏において情感を表現するときも同様であり，楽器の発する空気振動に強弱や高低，長短の変化を与える。

　通信においては，送信機から受信機へ情報を送るとき，マイクロホンからの電気信号のように，直流付近に集中した低周波信号（これをベースバンド信号とよぶ）をそのまま伝送する手法がある。その一方で，上で示した例と同様に，送信機内で規則的な信号を発生させ，外部からのベースバンド信号によってそれに変化を与え伝送する手法もある。後者の手法において，規則的な信号に変化を与える機能を変調（modulation）という。

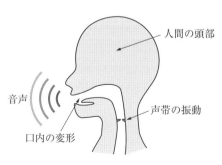

図 4-1　人間における音声の発生

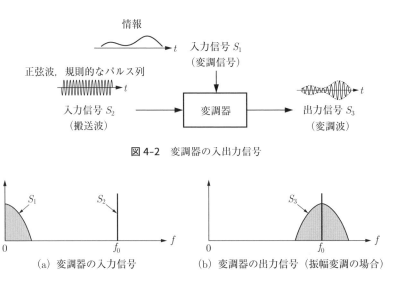

図 4-2　変調器の入出力信号

図 4-3　変調の前後における信号のスペクトル（負の周波数領域は省略）

　変調は信号の波形を変換する操作である．変調をする前の段階では，送ろうとする情報に対応したベースバンド信号 S_1 と，送信機が発生する高速で規則的に変化する信号 S_2 の2つが存在する．その後，変調の過程を経ることによって新たな信号 S_3 が生まれる（図4-2）．S_3 は，S_2 が S_1 によって変形を受けて生まれた信号である（逆に，S_1 が S_2 によって変形を受けたと見なしてもよい）．このようにして生まれた S_3 が，伝送路を通して受信機へ伝送されることになる．

　変調に用いられる電子回路を変調器（modulator）とよぶ．図4-3には変調器の入出力信号がもつスペクトルを示している．例として，S_1 が低周波成分のみからなり，S_2 が正弦波（S_1 よりも高い周波数 f_0）であるとして振幅変調（5章参照）がなされたときの各信号のスペクトルを示す．S_3 は，もともと S_2 であったものが S_1 の影響を受けて変形したものと見なせるので，S_3 のスペクトルは S_2 のスペクトル（周波数 f_0）の周辺に存在する．

4.2 いろいろな変調

(1) 正弦波の変調

変調器への入力信号のうち高速で規則的に変化する信号 S_2 が正弦波であるとき，この波形は，

$$S_2(t) = A\cos(2\pi f_c t + \phi) \tag{4-1}$$

と表すことができる。変調前のこの正弦波のことを搬送波とよぶ。また，送ろうとする情報に対応したベースバンド信号 S_1 を変調信号，変調によって得られる信号 S_3 を変調波とよぶ。

式 (4-1) を決定する 3 つのパラメータである A, f_c, ϕ に対応させて 3 つの変調方式が存在する。変調信号 S_1 に応じて振幅 A を変化させる方式を振幅変調（Amplitude Modulation：AM），周波数 f_c を変化させる方式を周波数変調（Frequency Modulation：FM），位相 ϕ を変化させる方式を位相変調（Phase Modulation：PM）とよぶ。また，信号 S_1 がディジタル信号であるとき，これらはそれぞれ ASK（Amplitude Shift Keying），FSK（Frequency Shift Keying），PSK（Phase Shift Keying）とよばれる。図 4-4 に AM および FM，PM の信号波形を示す。

(2) パルス列の変調

高速で規則的に変化する信号 S_2 としてパルス列が用いられることもある。変調信号 S_1 の瞬時レベルに応じて，パルスの高さを変化させる方式（Pulse Amplitude Modulation：PAM），パルスの幅を変化させる方式（Pulse Width Modulation：PWM），パルスの位置を変化させる方式（Pulse Position Modulation：PPM），パルスの発生頻度を変化させる方式（Pulse Frequency Modulation：PFM）がある。

さらに，変調信号 S_1 の瞬時レベルを一定桁数の 2 進数で近似的に表し，各桁の「1」，「0」に対応させてパルスの有無を決める方式（Pulse Code Modulation：PCM）もある。PCM はアナログ信号をディジタル信号に変換するもっとも基本的な技術である。

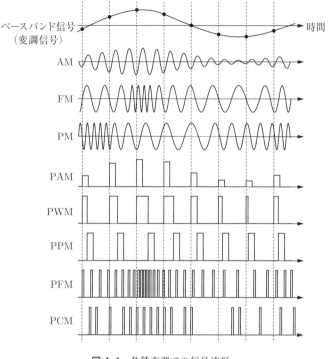

図 4-4　各種変調での信号波形

　図 4-4 には，このように信号 S_2 がパルス列である場合の変調波形もあわせて示している．

4.3　変調の目的

　通信システムにおいて，もとのベースバンド信号を直接送信するのではなく，あえて変調という信号変換の過程を設けるのには次のような理由がある．
① 通信に用いる伝送媒体（伝送路）がベースバンド信号の伝送に適していない場合，高周波信号を用いた通信を行う必要がある．無線通信や光通信では，発振器や光源で発生した高周波や光をまず変調し，それによって得られた信号を送信する．
② 低い周波数帯のベースバンド信号だけでなく，高い周波数帯もあわせて

用いることにより伝送路の容量を増すことができる。周波数分割多重（Frequency Division Multiplexing：FDM，10.2 節参照）はその技術であり，チャネルごとに異なる周波数の搬送波を変調し，それらを一括して伝送することで伝送路の大容量化を図る。

③ 1つの伝送路中に多くの信号が同時に行き来するシステムでは，信号が相互に干渉せず，さらにそれぞれを識別できることが不可欠である。送ろうとするもとの信号 S_1 だけではこのようなことを実現することはできない。変調によって他の信号 S_2 の性質を付加することによりそれが可能となる。たとえば，信号 S_2 である搬送波の周波数をチャネルごとに変えることによって，チャネルの識別が可能となる。これはラジオやテレビの放送で用いられている技術である。また，信号 S_2 が高速パルス列であるとき，そのパターンをチャネルごとに変えることによって，相互干渉をなくしチャネル識別が可能となる。この技術が現在携帯電話などで用いられている符号分割多重アクセス（Code Division Multiple Access：CDMA，10.5 節参照）である。

④ もとのディジタル信号を複数の低速ディジタル信号に分離し，周波数の近接した複数の搬送波をそれぞれの低速ディジタル信号で変調する。こうして得た複数の変調波を多重化して伝送する。これにより，伝送路特性にあわせて個々の低速ディジタル信号ごとに最適な変調条件を選ぶことができる。その結果，伝送路全体でも最適化がなされることになり，伝送路の容量を最大限に生かした通信が可能となる。この技術は，直交周波数分割多重（Orthogonal Frequency Division Multiplexing：OFDM，8.6 節参照）とよばれている。

演習問題

4-1 正弦波 $A\cos(2\pi ft+\phi)$ において，変調をすることのできるパラメータはどれか。また，それぞれのパラメータをアナログ信号およびディジタル信号で変調したときの変調方式名を述べよ。

4-2 通信において変調が必要な基本的理由を述べよ。

4-3 図4-3のように変調を周波数領域で考えるとき，信号 S_1 に対してどのような操作を施すことを変調と考えることができるか。

5章

振幅変調

 ラジオの AM 放送は，もっとも古い放送形態であり，社会の重要な基盤となっている。そこで用いられている振幅変調（Amplitude Modulation：AM）は，いくつかある変調手法の中でもっとも基本的な手法であるといえる。本章ではこの振幅変調について解説する。

5.1 時間領域での信号表現

 情報源からの変調信号（ベースバンド信号）を $f(t)$，搬送波を $A_c \cos(2\pi f_c t + \theta_c)$ と表すことにすると，振幅変調によって得られる変調波は，

$$f_{AM}(t) = A_c \left(1 + m_{AM} \frac{f(t)}{|f(t)|_{max}}\right) \cos(2\pi f_c t + \theta_c) \tag{5-1}$$

と表すことができる。ここで，$|f(t)|_{max}$ は $f(t)$ の絶対値がとる最大の値である。また m_{AM} は変調指数とよばれ，変調の大きさを示す値である。数式の中では m_{AM} には単位がないが，変調の大きさを数値を用いて表すときには，数式中の数値を 100 倍して〔%〕を単位とした表示にすることが多い。
 式 (5-1) は正弦波の振幅が A_c を基準にしながら $f(t)$ とともに変化することを表しており，図 5-1 にはそのようすを示している。通常のシステムでは，変調指数は図 (b) のように $0 < m_{AM} \leq 1$ とされ，その範囲の中でもできるだけ大きい値が選ばれる。このとき変調波の包絡線（波形のピークを緩やかに結んだ線であり，図 (b) では破線で示されている）の波形が $f(t)$ のそれと一致しており，受信機ではこれを取り出すことによりもとの波形 $f(t)$ を復元する。

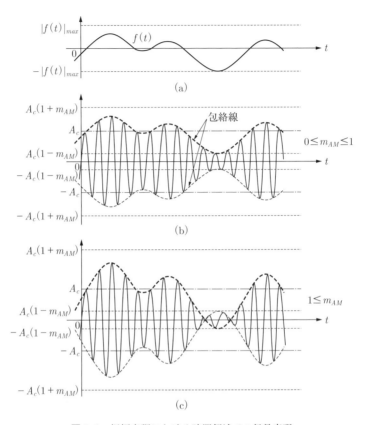

図 5-1 振幅変調における時間領域での信号表現

　一方,図 5-1(c) に示すような $m_{AM} > 1$ の場合は過変調とよばれる。このときには,変調波の包絡線は $f(t)$ とは違ったものになる。変調波のくびれた部分に違いが生じる。そのため,5.6 節で述べる包絡線検波によって検波すると,信号に歪が発生する。

　ここで,理解を助けるために変調信号 $f(t)$ を単純な関数にしてみる。具体的には,

$$f(t) = A_s \cos 2\pi f_s t \tag{5-2}$$

とする。式 (5-2) を式 (5-1) に代入すると,$|f(t)|_{max} = A_s$ であるから,

$$f_{AM}(t) = A_c(1 + m_{AM}\cos 2\pi f_s t)\cos(2\pi f_c t + \theta_c)$$
$$= A_c \cos(2\pi f_c t + \theta_c) + \frac{A_c m_{AM}}{2}\cos\{2\pi(f_c + f_s)t + \theta_c\} \quad (5\text{-}3)$$
$$+ \frac{A_c m_{AM}}{2}\cos\{2\pi(f_c - f_s)t + \theta_c\}$$

となる．第1項は搬送波と同じ周波数成分，第2項は搬送波より f_s だけ高い周波数成分，第3項は搬送波より f_s だけ低い周波数成分である．第2項および第3項は変調の前には存在していなかった周波数成分である．このようなスペクトルが搬送波周波数の周辺に生まれることが振幅変調の特徴である．このことは，すでに図 4-3 において図示したことがらに対応している．

5.2 周波数領域での信号表現

式 (5-1) の $f(t)$ および $f_{AM}(t)$ に対して，2.4 節で述べたフーリエ変換対の記述法に従って，

$$f(t) \Leftrightarrow F(f) \quad (5\text{-}4)$$
$$f_{AM}(t) \Leftrightarrow F_{AM}(f) \quad (5\text{-}5)$$

なる関係が成り立つとすると，

$$F_{AM}(f) = A_c \int_{-\infty}^{\infty} \cos(2\pi f_c t + \theta_c)e^{-j2\pi ft}dt \\ + \frac{A_c m_{AM}}{|f(t)|_{max}}\int_{-\infty}^{\infty} f(t)\cos(2\pi f_c t + \theta_c)e^{-j2\pi ft}dt \quad (5\text{-}6)$$

となる．
ここで，

$$\begin{aligned}\int_{-\infty}^{\infty} \cos 2\pi f_0 t\, e^{-j2\pi ft}dt &= \lim_{\tau \to \infty}\int_{-\frac{\tau}{2}}^{\frac{\tau}{2}}\cos 2\pi f_0 t\, e^{-j2\pi ft}dt \\ &= \lim_{\tau \to \infty}\int_{-\frac{\tau}{2}}^{\frac{\tau}{2}}\cos 2\pi f_0 t(\cos 2\pi ft - j\sin 2\pi ft)dt \\ &= \lim_{\tau \to \infty}\frac{\tau}{2}\left[\frac{\sin\{\pi(f-f_0)\tau\}}{\pi(f-f_0)\tau} + \frac{\sin\{\pi(f+f_0)\tau\}}{\pi(f+f_0)\tau}\right] \\ &= \lim_{\tau \to \infty}\left[\frac{\tau}{2}\text{sinc}\{\pi(f-f_0)\tau\} + \frac{\tau}{2}\text{sinc}\{\pi(f+f_0)\tau\}\right]\end{aligned} \quad (5\text{-}7)$$

$$\int_{-\infty}^{\infty} \sin 2\pi f_0 t \, e^{-j2\pi ft} dt = \lim_{\tau \to \infty} \int_{-\frac{\tau}{2}}^{\frac{\tau}{2}} \sin 2\pi f_0 t (\cos 2\pi ft - j \sin 2\pi ft) dt$$
$$= \lim_{\tau \to \infty} \left[\frac{\tau}{2j} \operatorname{sinc}\{\pi(f-f_0)\tau\} - \frac{\tau}{2j} \operatorname{sinc}\{\pi(f+f_0)\tau\} \right] \quad (5\text{-}8)$$

である．また，$a \to \infty$ の極限において $\frac{a}{\pi}\operatorname{sinc}(ax)$ がデルタ関数 $\delta(x)$ （2.4 節参照）となることが知られている．これらの関係を式 (5-6) に適用すると，

$$F_{AM}(f) = \frac{A_c}{2}\left\{\delta(f-f_c)e^{j\theta_c} + \delta(f+f_c)e^{-j\theta_c}\right\}$$
$$+ \frac{A_c m_{AM}}{2|f(t)|_{max}}\left\{F(f-f_c)e^{j\theta_c} + F(f+f_c)e^{-j\theta_c}\right\} \quad (5\text{-}9)$$

を得ることができる．$\delta(f)$ は $f=0$ を中心にした周波数幅の極めて小さい関数であるので，$\delta(f-f_c)$ および $\delta(f+f_c)$ はそれぞれ $f=f_c$ および $f=-f_c$ における単一周波数信号，つまり搬送波のスペクトルを意味している．同様に，$F(f)$ は変調信号のスペクトルであるので，$F(f-f_c)$ および $F(f+f_c)$ は変調信号を周波数軸上でそれぞれ f_c および $-f_c$ だけ移動したスペクトルを意味している．これらは搬送波スペクトルのそばに存在することから，側波帯（sideband）とよばれる．

式 (5-9) において $\theta_c = 0$ として，振幅変調における搬送波，変調信号，側波帯のスペクトルを周波数軸上に描くと図 5-2 および図 5-3 のようになる．これらの図では負の周波数領域まで描いている（2 章コラム参照）．現象を正の周波数領域のみで記述するときには，スペクトルが原点を中心に左右対称であるから，左右を折りたたみ両者のレベルを加算したうえで正の領域のみを描けばよい．

変調信号が式 (5-2) で示した単純な正弦波の場合には，変調によるスペクトルの遷移をより明確に表すことができる．式 (5-3) のフーリエ変換を求めると，

$$F_{AM}(f) = \frac{A_c}{2}\Big[\delta(f-f_c)e^{j\theta_c} + \delta(f+f_c)e^{-j\theta_c}$$
$$+ \frac{m_{AM}}{2}\Big\{\delta(f-(f_c+f_s))e^{j\theta_c} + \delta(f+(f_c+f_s))e^{-j\theta_c} \quad (5\text{-}10)$$
$$+ \delta(f-(f_c-f_s))e^{j\theta_c} + \delta(f+(f_c-f_s))e^{-j\theta_c}\Big\}\Big]$$

となり，これを図示すると図 5-2 および図 5-3 において太線で示した線スペクトルとなる．

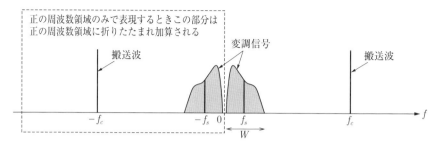

図 5-2　振幅変調における変調信号と搬送波のスペクトル

図 5-3　振幅変調における変調波のスペクトル

図 5-2 および図 5-3 における正の周波数領域を見ればわかるように，変調信号の占有帯域幅が W であったとすると，振幅変調をしたあとの占有帯域幅は $2W$ となる．振幅変調によって信号の占有帯域幅がこのように2倍になることは，周波数分割多重（変調信号ごとに異なった搬送波で変調し，それによって得られる複数の変調波を一括して1つの媒体を通して伝送する技術．10.2 節参照）において搬送波の周波数間隔を決めるうえで考慮しなければならない重要なことがらである．

5.3　振幅変調をするための電子回路

式 (5-1) を見ればわかるように，振幅変調の変調波は，$1 + m_{AM} \dfrac{f(t)}{|f(t)|_{max}}$ と $A_c \cos(2\pi f_c t + \theta_c)$ とを掛けあわせたもの，あるいは $m_{AM} \dfrac{f(t)}{|f(t)|_{max}}$ と $A_c \cos(2\pi f_c t + \theta_c)$

とを掛けあわせたあとそれに $A_c \cos(2\pi f_c t + \theta_c)$ を加えたものと見なすことができる。いずれにせよ，振幅変調を行うには2つの信号を掛けあわせる操作が必要であり，変調器にはその機能が求められる。ここでは代表的な2つの変調器の回路構成を示す。

(1) 非線形素子を用いた変調器

非線形特性は，3.1節で述べたように信号の波形に歪を発生させるので，伝送という観点からすると好ましくない性質である。しかし電子回路では非線形特性を積極的に利用することもある。いま，素子の入力信号レベルを x，出力信号レベルを y としたとき，これらの間には一般的に，

$$y = a_0 + a_1 x + a_2 x^2 + a_3 x^3 + \cdots \tag{5-11}$$

という関係が成り立つ。通常，入力がないときには出力もないので $a_0 = 0$ と見なせる。もし $a_1 \neq 0$ でかつ $a_i = 0 \, (i = 2, 3, \cdots)$ であればその素子は線形であり，そうでないときは非線形とよばれる。一般的には高次の項の係数ほど小さくなるので，ここでは式 (5-11) における非線形な関係を，

$$y = a_1 x + a_2 x^2 \tag{5-12}$$

と近似することにする。ダイオードはこれに似た非線形特性をもっている。図5-4に式 (5-12) で表される入出力特性の例を示す。

入力信号 x が2つの信号波形 $f_1(t)$ と $f_2(t)$ を加えあわせたものであるとすると，$x = f_1(t) + f_2(t)$ を式 (5-12) に代入すると出力は，

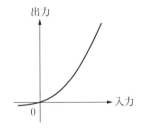

図 5-4　非線形素子の入出力特性

$$\begin{aligned}y &= a_1(f_1(t)+f_2(t))+a_2(f_1(t)+f_2(t))^2 \\ &= a_1 f_1(t)+a_1 f_2(t)+a_2 f_1(t)^2+2a_2 f_1(t)f_2(t)+a_2 f_2(t)^2\end{aligned} \quad (5\text{-}13)$$

となる。第4項に $f_1(t)f_2(t)$ があることから，このような非線形素子には入力信号を掛けあわせる機能があることがわかる。実際，$f_1(t)=f(t)$，$f_2(t)=A_c\cos(2\pi f_c t+\theta_c)$ として y を求め，係数 b を掛けた $f_2(t)$ を加えて得られる出力 z は，

$$\begin{aligned}z &= y+bf_2(t) \\ &= a_1 f(t)+a_1 A_c\cos(2\pi f_c t+\theta_c)+a_2 f(t)^2+2a_2 A_c f(t)\cos(2\pi f_c t+\theta_c) \\ &\quad +\frac{a_2 A_c^2}{2}\cos(4\pi f_c t+2\theta_c)+\frac{a_2 A_c^2}{2}+bA_c\cos(2\pi f_c t+\theta_c)\end{aligned} \quad (5\text{-}14)$$

となる。ここで b はレベル調整をするための係数である。この信号を帯域通過フィルタ（Band-Pass Filter：BPF）に通して，周波数 f_c の周辺にあるスペクトル成分を取り出すと，第2，4，7項が残る。それらを整理すると，

$$\begin{aligned}z &= a_1 A_c\cos(2\pi f_c t+\theta_c)+2a_2 A_c f(t)\cos(2\pi f_c t+\theta_c)+bA_c\cos(2\pi f_c t+\theta_c) \\ &= (a_1+b)A_c\left(1+\frac{2a_2}{a_1+b}f(t)\right)\cos(2\pi f_c t+\theta_c)\end{aligned} \quad (5\text{-}15)$$

となる。式 (5-15) は式 (5-1) と同じ形をしているので振幅変調の変調波であることがわかる。係数 b の値によって変調指数を変えることができる。

(2) リング変調器

2つの入力信号に対して掛け算の機能をもつ電子回路にリング変調器がある。その回路構成と動作を図5-5に示す。図 (a) のように，順方向（逆方向）で順次環状に接続された4つのダイオードが中心にあり，その対角に位置する2組の接続点にそれぞれトランスの端子（b-b′，c-c′）が接続されている。トランスでは，2つあるコイルのうちの片方に流れた高周波信号が，電磁誘導によって他方のコイルにも誘起される。ダイオードが接続されていない方のトランスの端子（a-a′，d-d′）が，変調器のポート1およびポート2である。トランスのダイオード側にあるコイルには中間タップが設けられてあり，2つの中間タップ（e，f）が変調器としてのポート3になっている。ポート1およびポート3は入力ポート，ポート2は出力ポートである。

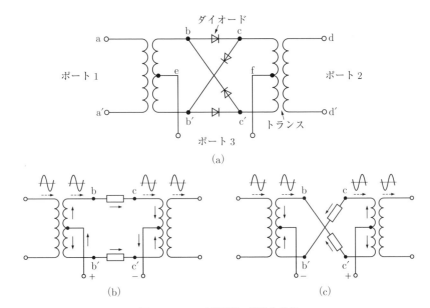

図 5-5 リング変調器の構造と動作

ポート3に高周波信号が印加されると，その極性（正および負の状態）によって4つのダイオードの導通・遮断状態が図 (b) および図 (c) のように変化する。図 (b) はトランスの端子 b，c 間および b′，c′ 間が導通状態，端子 b，c′ 間および b′，c 間が遮断状態である。図 (c) は逆に，端子 b，c′ 間および b′，c 間が導通し，端子 b，c 間および b′，c′ 間が遮断された状態である。ポート3に印加されるのは高周波信号なので，リング変調器はこれら2つの状態を交互にとることになる。ポート1に印加された信号は，トランスを構成するコイル間の電磁誘導によってダイオード回路へ導かれ，そのあと2つ目のトランスを経て最終的にはポート2へ達する。そのとき，図 (b) および図 (c) で示した2つの状態によって，極性がそのまま，あるいは入れ替った信号としてポート2に現れる。

図 5-6 に，リング変調器が動作しているときの入出力信号波形を示す。出力ポートに現れる変調波は，変調信号と搬送波とを掛けあわせたものになっていることがわかる。

リング変調器においてポート3はコイルの中間タップ e，f に接続されている

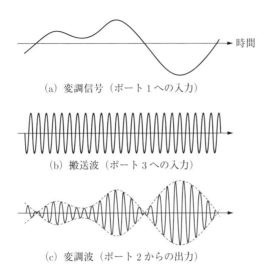

図 5-6　リング変調器の入出力信号波形

ので，このポートに印加された信号の電流はそれぞれのトランス内で平衡のとれた流れ方をする（図 5-5 においては，上下方向で対称な流れ方をする）。したがって，トランス内では磁界が相殺され，全体で見るとこの電流によって磁界が生じることはない。そのためポート 3 に印加された信号はポート 1 やポート 2 へ漏れることはない。このような性質（ポート 1 およびポート 2 がポート 3 に対して平衡のとれた状態にある性質）をもっているので，リング変調器は平衡変調器の 1 つとして位置づけられている。このことからわかるように，リング変調器によって得られる変調波のスペクトルには搬送波成分が存在しない。変調信号と搬送波が図 5-2 で示したスペクトルをもつとき，リング変調器を通して得られる変調波のスペクトルは図 5-7 のようになる。ただし，図 5-7 は正の周波数領域のみを示している。このスペクトルは，式 (5-3) において第 1 項を除去したもの，ある

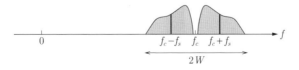

図 5-7　リング変調器による変調波のスペクトル（正の周波数領域）

いは式 (5-10) において第1項および第2項を除去したものに相当している．搬送波成分が存在しないことから，リング変調器は両側波帯通信や単側波帯通信の変調に用いられることが多い(5.5節参照)．リング変調器を振幅変調に使うときには，出力ポートで得られる変調波に対してさらに搬送波成分を加える必要がある．

5.4 変調波の電力と効率

振幅変調における変調波の振幅は時間とともに変化するので，電力も時間とともに変化する．電力を時間に関して平均化して得られる平均電力 P_{AM} を求めると，式 (5-1) より，

$$P_{AM} = \overline{f_{AM}(t)^2}$$
$$= \overline{A_c^2 \cos^2(2\pi f_c t + \theta_c)} + \overline{A_c^2 m_{AM}^2 \frac{f(t)^2}{|f(t)|_{max}^2} \cos^2(2\pi f_c t + \theta_c)} \qquad (5\text{-}16)$$
$$+ \overline{2A_c^2 m_{AM} \frac{f(t)}{|f(t)|_{max}} \cos^2(2\pi f_c t + \theta_c)}$$

となる．$f(t)$ は正および負の値を均等にとる関数であり，$\cos^2(2\pi f_c t + \theta_c)$ は正の値をとる周期関数である．そのため，これらの積を時間に関して平均化している第3項は0と見なせる．したがって，

$$P_{AM} = \frac{A_c^2}{2} + \frac{A_c^2 m_{AM}^2}{2|f(t)|_{max}^2} \overline{f(t)^2} \qquad (5\text{-}17)$$

となる．第1項は搬送波電力，第2項は側波帯電力である．変調信号が正弦波であり，式 (5-2) で述べたように $f(t) = A_s \cos 2\pi f_s t$ と表される場合には $|f(t)|_{max}^2 = A_s^2$，$\overline{f(t)^2} = \frac{A_s^2}{2}$ であるから，

$$P_{AM} = \frac{A_c^2}{2}\left(1 + \frac{m_{AM}^2}{2}\right) \qquad (5\text{-}18)$$

となる．

変調波のうち情報伝送を担っているスペクトル成分は側波帯だけであり，搬送

波成分はその意味では情報伝送に直接的な関わりをもっていない．いま，全電力の中で側波帯の電力が占める比率を効率 η_{AM} と定義すると，式 (5-17) より，

$$\eta_{AM} = \frac{\dfrac{A_c^2 m_{AM}^2}{2|f(t)|_{max}^2}\overline{f(t)^2}}{P_{AM}} = \frac{\dfrac{m_{AM}^2}{|f(t)|_{max}^2}\overline{f(t)^2}}{1+\dfrac{m_{AM}^2}{|f(t)|_{max}^2}\overline{f(t)^2}} \tag{5-19}$$

となり，変調信号が正弦波のときには，

$$\eta_{AM} = \frac{\dfrac{m_{AM}^2}{2}}{1+\dfrac{m_{AM}^2}{2}} \tag{5-20}$$

となる．式 (5-20) において，変調指数が 100 %，すなわち $m_{AM}=1$ のとき，効率 η_{AM} は高々 0.33 であり，搬送波が電力の多くを占める．変調指数が 80 % になると 0.24 にまで低下する．このように，振幅変調は，電力の効率という観点から見ると必ずしも満足のできる変調方式とはいえない．そこで，効率を上げるため，搬送波を抑圧し側波帯に電力を集中させる変調方式が考えられている．

5.5 振幅変調の改良

5.4 節で述べたように，振幅変調波において情報伝送の役割を担う側波帯だけを残し搬送波を除去すれば，全送信電力が同じであっても搬送波に用いていた電力を側波帯に振り向けることができるので，雑音の影響を受けにくいシステムが実現できる．こうした観点から，振幅変調の改良方式がいくつか考えられている．本節では，こうした方式について述べる．

図 5-8 には，各種方式のスペクトルを正の周波数領域のみについて示す．図 (a) はこれまで述べた振幅変調波のスペクトルである．

(1) 両側波帯通信

振幅変調で得られる変調波から搬送波成分のみを除去したスペクトルをもつ方

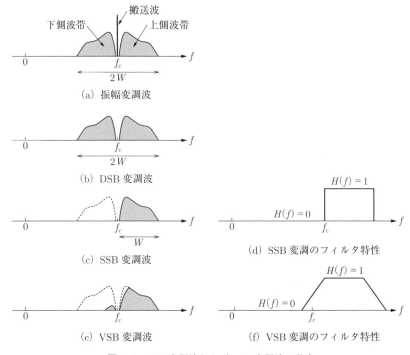

図 5-8 SSB 変調波および VSB 変調波の発生

式は両側波帯通信（Double SideBand AM：DSB）とよばれる．図 5-8(b) に両側波帯通信のスペクトルを示す．これは図 5-7 で示したリング変調器の変調波スペクトルでもある．したがって，両側波帯通信の変調波はリング変調器を用いて変調信号と搬送波を掛けあわせることによって得ることができる．5.4 節で求めた電力に関する効率は 1 となる．

(2) 単側波帯通信

両側波帯通信において，搬送波周波数より高周波側にある側波帯（これを上側波帯とよぶ）と低周波側にある側波帯（これを下側波帯とよぶ）とは，式 (5-9) からわかるように同じ情報を担っている．もとの変調信号の占有帯域幅が W であるのに対して，両側波帯通信の変調波は，振幅変調波と同様，2 倍の帯域幅 $2W$ を占有している（図 5-8(b) 参照）．通信において周波数は貴重な資源であ

り，1つの通信システムの占有帯域幅はできるだけ狭くすることが望ましい。そこで，両側波帯通信の変調波がもつ冗長性に注目し，片方の側波帯を除去することで占有帯域幅を半分にすることができる。この変調方式は単側波帯通信（Single SideBand AM：SSB）とよばれている。図5-8(c)に上側波帯を用いた単側波帯通信での変調波スペクトルを示す。

単側波帯通信の変調波は，まずリング変調器を用いて両側波帯通信の変調波をつくり，次いで帯域通過フィルタによって片方の側波帯のみを取り出すことによって得ることができる（フィルタ法）。図5-8(d)にそこで用いるフィルタの特性を示す。この方法には通過帯域の端において遮断特性が急峻に変化するフィルタが求められる。単側波帯通信の変調波を得る方法としては，フィルタ法のほかに，変調信号と搬送波の位相をそれぞれ $\frac{\pi}{2}$ だけ遅らせたものを掛けあわせ，両側波帯通信の変調波を加える方法（位相推移法）も考えられている。電力の効率は両側波帯通信と同じく1である。

(3) 残留側波帯通信

単側波帯通信では，片方の側波帯を取り出すために遮断特性が急峻な帯域通過フィルタが必要である。しかし，現実にはそのようなフィルタを実現するには高い技術が求められる。そこで，遮断特性が緩やかに変化していても単側波帯通信に近い性能が得られる残留側波帯通信（Vestigial SideBand AM：VSB）が考えられた。図5-8(e)にそのスペクトルを示す。

残留側波帯通信では，搬送波周波数を中心に遮断特性が緩やかに変化する帯域通過フィルタを用いる（図5-8(f)）。そのため，単側波帯通信であれば完全に遮断されるはずの片方の側波帯がわずかに残る。同時に，単側波帯通信であれば完全な形で伝送されるはずの他方の側波帯がやや減衰を受けて伝送される。その結果，残留した側波帯と減衰を受けた側波帯とは相補的なスペクトルをもつようになる。変調波を検波するときに同期検波（5.6節参照）を用いれば，2つある側波帯の片方が反転して他方に重なる形で出力が得られるため，両者が相補って直流に近い周波数成分まで正しく伝送できる。したがって，単側波帯通信と同様の信号が得られることになる。この変調方式においても，電力の効率は1である。

5.6 振幅変調波の検波

通信システムの受信機がもつ機能のうち,変調波からもとの変調信号を復元する機能を検波(あるいは復調)とよぶ。ここでは振幅変調波に対して用いられている方式について述べる。

(1) 同期検波

5.5 節において,振幅変調を行うには変調信号と搬送波とを掛けあわせる操作が不可欠であることを述べた。またその操作は,変調信号のスペクトルを搬送波周波数の近傍にまで移すことであることを示した。一方,検波は,変調波からもとの変調信号を復元するので,変調とは逆の信号操作である。このことを考えると,検波においても信号スペクトルを移す操作が必要であることがわかる。つまり,検波においても変調と同様,信号を掛けあわせる操作が必要となる(5.3 節参照)。

受信機の側で搬送波と同じ周波数の正弦波信号を準備し,この信号と受信信号(変調波)とを掛けあわせることで検波を行う方式を同期検波とよぶ。図 5-9 に同期検波のしくみをブロック図で示す。検波において信号を掛けあわせる電子回路をミキサ(mixer)とよび,リング変調器として用いた電子回路(5.3 節参照)をそのままこれに用いることができる。受信側で準備する正弦波信号は周波数だけでなく位相も搬送波と一致していなければならない。同期検波の「同期」という語はそのことを意味している。このような正弦波信号を受信機の側で発生するには,安定した周波数を維持できる発振器が求められる。

ここで,図 5-9 の動作を考えてみよう。変調波が式 (5-1) で表されるとき,こ

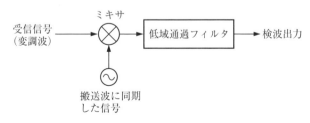

図 5-9 同期検波の機能

れに搬送波と同じ周波数をもつ正弦波 $\cos(2\pi f_c t + \phi)$ を掛けるとすると，ミキサの出力は，

$$r_{mixer}(t) = f_{AM}(t)\cos(2\pi f_c t + \phi)$$
$$= \frac{A_c}{2}\left(1 + m_{AM}\frac{f(t)}{|f(t)|_{max}}\right)\{\cos(\theta_c - \phi) + \cos(4\pi f_c t + \theta_c + \phi)\} \quad (5\text{-}21)$$

となる。この中で $\cos(4\pi f_c t + \theta_c + \phi)$ の項は搬送波の 2 倍の周波数（$2f_c$）をもつ成分であり，低域通過フィルタ（Low-Pass Filter：LPF）によって除去されるので，検波出力は，

$$r_{out}(t) = \frac{A_c}{2}\left(1 + m_{AM}\frac{f(t)}{|f(t)|_{max}}\right)\cos(\theta_c - \phi) \quad (5\text{-}22)$$

となる。これは変調信号 $f(t)$ に比例した成分（括弧内の第 2 項）と直流成分（括弧内の第 1 項）を含んでいるので，この中から高域通過フィルタ（High-Pass Filter：HPF）によって直流成分を除去すれば変調信号 $f(t)$ に比例した出力を得ることができる。式中の $\cos(\theta_c - \phi)$ は一定値である。出力レベルを最大にするには $\theta_c - \phi = 2n\pi$（n は整数）でなければならず，このことは，受信機側で備える正弦波には周波数だけでなく位相も搬送波と一致している必要があることを示している。

式 (5-21) および式 (5-22) は通常の振幅変調（AM）の場合の出力であるが，DSB の場合の出力はそれぞれの式から搬送波周波数成分を削除することにより求めることができる。つまり，2 つの式において，

$$\left(1 + m_{AM}\frac{f(t)}{|f(t)|_{max}}\right) \rightarrow m_{AM}\frac{f(t)}{|f(t)|_{max}}$$

と置き換えたものが DSB の場合の出力である。

VSB の検波にも同期検波を用いることができる。この変調方式の場合については，次に述べるように周波数領域で考えればよい。

DSB 変調波のフーリエ変換は，式 (5-9) で示した通常の振幅変調波のフーリエ変換から側波帯のスペクトル成分のみを取り出せばよいので，

$$F_{DSB}(f) = K\{F(f - f_c) + F(f + f_c)\} \quad (5\text{-}23)$$

と表すことができる。定数 K は $\dfrac{A_c m_{AM}}{2|f(t)|_{max}}$ である。議論を簡単にするため式 (5-9) において $\theta_c = 0$ としている。つまり，式 (5-1) の搬送波がもつ位相を考慮に入れていない。

ここで，VSB で一部のスペクトルだけを抽出するのに用いるフィルタの特性（伝達関数）を $H_f(f)$ とすると，フィルタからの出力（変調波）は式 (5-23) に $H_f(f)$ を掛けて，周波数領域で，

$$F_{VSB}(f) = KH_f(f)\{F(f-f_c) + F(f+f_c)\} \tag{5-24}$$

と表すことができる。一方，式 (5-24) で表される VSB 変調波の時間領域での波形を $f_{VSB}(t)$ とすると，

$$F_{VSB}(f) = \int_{-\infty}^{\infty} f_{VSB}(t) e^{-j2\pi ft} dt \tag{5-25}$$

であるから，検波器において $f_{VSB}(t)$ に対して正弦波 $\cos 2\pi f_c t$ を掛けて得られる信号は，フーリエ変換を適用して周波数領域で表すと，

$$\begin{aligned} F_{mixer}(f) &= \int_{-\infty}^{\infty} f_{VSB}(t) \dfrac{e^{j2\pi f_c t} + e^{-j2\pi f_c t}}{2} e^{-j2\pi ft} dt \\ &= \dfrac{1}{2} \int_{-\infty}^{\infty} f_{VSB}(t) \cdot \left(e^{-j2\pi(f-f_c)t} + e^{-j2\pi(f+f_c)t} \right) dt \\ &= \dfrac{K}{2} [H_f(f+f_c)\{F(f+2f_c) + F(f)\} + H_f(f-f_c)\{F(f) + F(f-2f_c)\}] \end{aligned} \tag{5-26}$$

となる。式 (5-26) 中の高周波成分 $F(f \pm 2f_c)$ を図 5-9 の低域通過フィルタによって遮断すると，フィルタの出力は，

$$F_{out}(f) = \dfrac{K}{2} \{H_f(f+f_c) + H_f(f-f_c)\} F(f) \tag{5-27}$$

となる。式 (5-27) の中で $H_f(f+f_c) + H_f(f-f_c)$ は，フィルタの特性 $H_f(f)$ を周波数軸に沿って $\pm f_c$ だけ移動して加算したものである。式 (5-27) ではそれに変調信号のスペクトル $F(f)$ が掛けられていることからわかるように，加算後のフィルタ特性 $H_f(f+f_c) + H_f(f-f_c)$ のうち変調信号のスペクトル領域（直流に近い低周波領域）における特性のみが意味をもつことになる。

図 5-10 は同期検波の前後における信号スペクトルの変化を表している。

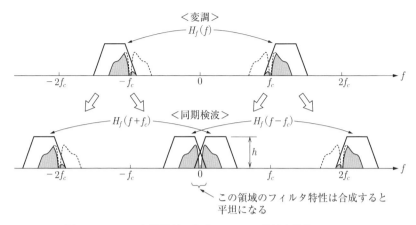

図 5-10　VSB の同期検波におけるフィルタ特性と信号スペクトル

図 5-10 における台形はフィルタの特性であり，網掛け部分は信号のスペクトルである．白色の矢印は信号スペクトルの移行を表している．すでに 5.5 節で述べたことからわかるように，VSB においてはフィルタの特性は周波数 f_c を中心にして遮断特性と通過特性とが相補うようになっている．つまり，$H_f(f+f_c) + H_f(f-f_c)$ は変調信号のスペクトル領域において周波数に依存しない一定値 h となる．したがって式 (5-27) は，

$$F_{out}(f) = \frac{Kh}{2} F(f) \tag{5-28}$$

であるので，出力 $r_{out}(t)$ は時間領域において，

$$r_{out}(t) = \frac{Kh}{2} f(t) \tag{5-29}$$

となり，変調信号 $f(t)$ に比例した波形になり，正しく検波されることがわかる．
　上記は VSB についての説明であったが，SSB は VSB に用いるフィルタの遮断特性を急峻にしたものであると見なせるので，SSB についても上記と同じことがいえる．

(2) 包絡線検波

同期検波のように安定した動作をする発振器を必要とせず，比較的簡単な電

子回路で検波を行う検波方式に包絡線検波がある。ただしこれは通常の振幅変調（AM）に対してのみ有効な方式であり，過変調（5.1 節参照）の AM や DSB, VSB, SSB には使うことができない。

図 5-11 に包絡線検波器の構造と検波出力波形を示す。図 (a) にあるように AM 変調波はまずダイオードによって半波整流される。半波整流とは，高周波から片方の極性をもつ波形のみを取り出す動作のことであり，図 (b) の時間軸より上の部分が半波整流波形である。図 (a) において入力側および出力側の電圧をそれぞれ v_i および v_o とする。v_i が v_o より高くなるとダイオードが導通状態となり，コンデンサを充電して v_o をほぼ v_i にまで引き上げる。続いて v_i が v_o より低くなるとダイオードは遮断状態となる。そして，コンデンサは負荷抵抗を通して放電を開始し，v_o は次第に低下していく。v_i が上昇して再度 v_o より高くなると，ダイオードはまた導通状態となりそれまでと同様の動作をくり返していく。v_o の変化するようすを図示したのが図 (b) の太い実線である。小さな脈動は残るものの，包絡線に近い出力になっていることがわかる。

ここで検波器の動作を考えてみる。コンデンサに蓄積されている電荷量を Q とすると，コンデンサが放電するときの電流 i_o は，

$$i_o = -\frac{dQ}{dt} = -\frac{d(Cv_o)}{dt} = -C\frac{dv_o}{dt} \tag{5-30}$$

と表すことができる。一方，この電流は負荷抵抗を流れるので，

$$i_o = \frac{v_o}{R} \tag{5-31}$$

とも表すことができる。式 (5-30) および式 (5-31) から得られる微分方程式，

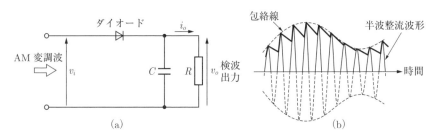

図 5-11　包絡線検波器の構造と原理

の解は,

$$\frac{dv_o}{dt} = -\frac{v_o}{CR} \tag{5-32}$$

$$v_o = v_{initial}\ e^{-\frac{t}{\tau}} \tag{5-33}$$

となる。ここで $v_{initial}$ は定数であり, $\tau = RC$ である。

式(5-33)のτは時定数とよばれ,包絡線検波器の性能を左右する重要なパラメータである。時定数は,図 5-11(b)において出力が各ピークから時間とともに低下していくときの太い実線の傾きを決める。時定数が大きすぎると,出力が,半波整流された波形の速い振幅変化に追随できず,包絡線からかけ離れてしまい,歪が発生することになる。逆に小さすぎると出力は半波整流波形に近いものになってしまい,波形の脈動の落ち込みが深くなるので,この場合も変調信号出力が包絡線の波形から遠ざかることになる。時定数は搬送波周波数 f_c と変調信号の占有帯域幅 W の兼ね合いから $\frac{1}{f_c} < \tau < \frac{1}{W}$ の範囲で適当な値を選ばなければならない。

以上から,式(5-1)で表される変調波に対する包絡線検波器の出力は,

$$r_{out}(t) = kA_c\left(1 + m_{AM}\frac{f(t)}{|f(t)|_{max}}\right) \tag{5-34}$$

と近似的に表すことができる。ここで k は検波器の時定数によって決まる係数である。

5.7 振幅変調と雑音

(1) 同期検波における雑音の影響

通信の品質を表す指標として信号対雑音電力比があることを 3.2 節で述べた。ここでは変調波の波形および雑音の電力スペクトル密度をもとにして,検波出力の信号対雑音電力比を求める。

変調信号に対する同期検波出力 $r_{out}(t)$ は,式(5-22)において $\theta_c - \phi = 2n\pi$ (n は整数)が満たされると,直流成分が遮断されているとして,

$$r_{out}(t) = \frac{A_c m_{AM}}{2} \frac{f(t)}{|f(t)|_{max}} \tag{5-35}$$

となる。したがって出力 $r_{out}(t)$ の平均電力 P_s は,

$$P_s = \frac{A_c^2 m_{AM}^2}{4} \frac{\overline{f(t)^2}}{|f(t)|_{max}^2} \tag{5-36}$$

である。

　受信側では,信号レベルは,受信機の入口(フロントエンド)においてもっとも低いので,そこにある高周波増幅器内で発生する白色雑音が性能にもっとも大きく影響を及ぼす(図5-12)。変調波の帯域外にある雑音のスペクトル成分は,検波器の前段にある帯域通過フィルタによって遮断される。したがって,検波において考慮しなければならない雑音のスペクトルは変調波の帯域内に存在する成分だけである。

　さて,雑音について考えてみよう。検波器の入力では,

① 雑音電力スペクトル密度が式 (3-15) のように $\frac{N_0}{2}$ であること
② 変調波の占有帯域幅が図 5-3 で示したように正の周波数だけでは $2W$ であること
③ 理論上は正と負の周波数が存在すること

を考慮すると,雑音の平均電力は,

$$\frac{N_0}{2} \times 2W \times 2 = 2N_0 W$$

である。

　ところで,式 (5-1) で表される変調波は,周波数 f_c の搬送波 $\cos(2\pi f_c t + \theta_c)$ に対する変調によって得られたものである。この変調波に影響を与える雑音は,搬送波と同じ周波数 f_c の正弦波における振幅および位相の不規則な変動と見なせばよい。そこで,振幅および位相の不規則な変動をそれぞれ $A(t)$ および $\theta(t)$ と表すと,雑音の波形は,

$$\begin{aligned}n(t) &= A(t)\cos\{2\pi f_c t + \theta_c + \theta(t)\} \\ &= A(t)\cos 2\pi f_c t \cdot \cos\{\theta_c + \theta(t)\} - A(t)\sin 2\pi f_c t \cdot \sin\{\theta_c + \theta(t)\}\end{aligned} \tag{5-37}$$

となる．ここで，

$$A(t)\cos\{\theta_c + \theta(t)\} = n_c(t)$$
$$-A(t)\sin\{\theta_c + \theta(t)\} = n_s(t)$$

と表すと，式 (5-37) は，

$$n(t) = n_c(t)\cos 2\pi f_c t + n_s(t)\sin 2\pi f_c t \tag{5-38}$$

となる．$n_c(t)$ と $n_s(t)$ は，周波数 f_c で振動する相互に直交した2つの正弦波 ($\cos 2\pi f_c t, \sin 2\pi f_c t$) の振幅である．図 5-12 のように，帯域通過フィルタを経て，雑音は搬送波周波数 f_c の周辺にスペクトルをもっているので，$n_c(t)$ と $n_s(t)$ は搬送波に比べてゆっくり変化する時間 t の関数と見なすことができる．

式 (5-38) で表される雑音の平均電力を求めると，

$$\begin{aligned}\overline{n(t)^2} &= \overline{n_c(t)^2\cos^2 2\pi f_c t + 2n_c(t)n_s(t)\cos 2\pi f_c t \sin 2\pi f_c t + n_s(t)^2\sin^2 2\pi f_c t} \\ &= \overline{n_c(t)^2\cos^2 2\pi f_c t} + \overline{n_s(t)^2\sin^2 2\pi f_c t} \\ &= \frac{\overline{n_c(t)^2}}{2} + \frac{\overline{n_s(t)^2}}{2}\end{aligned} \tag{5-39}$$

となる．そして一般的には $\overline{n_c(t)^2} = \overline{n_s(t)^2}$ と考えられることから，

$$\overline{n(t)^2} = \overline{n_c(t)^2} = \overline{n_s(t)^2} \tag{5-40}$$

なる関係が得られる．また前述したことから，

$$\overline{n(t)^2} = 2N_0 W \tag{5-41}$$

でもある．

このような雑音が図 5-9 で示される同期検波器に入ると，雑音に対するミキサ

図 5-12 受信機の構成

出力は,

$$\begin{aligned}z_{mixer}(t) &= n(t)\cos(2\pi f_c t + \phi) \\ &= \frac{1}{2}n_c(t)\bigl[\cos(4\pi f_c t + \phi) + \cos\phi\bigr] + \frac{1}{2}n_s(t)\bigl[\sin(4\pi f_c t + \phi) - \sin\phi\bigr]\end{aligned} \tag{5-42}$$

であるから,低域通過フィルタによって周波数 $2f_c$ の成分を除去したあとの検波器出力は,

$$z_{out}(t) = \frac{1}{2}[n_c(t)\cos\phi - n_s(t)\sin\phi] \tag{5-43}$$

となる。したがって式 (5-40),(5-41) および式 (5-43) より検波出力における雑音の平均電力は,

$$\begin{aligned}P_n &= \overline{z_{out}(t)^2} \\ &= \frac{1}{4}\Bigl[\overline{n_c(t)^2}\cos^2\phi + \overline{n_s(t)^2}\sin^2\phi\Bigr] \\ &= \frac{N_o W}{2}\end{aligned} \tag{5-44}$$

となる。

以上より,AM 変調の同期検波出力における信号対雑音電力比は式 (5-36) および式 (5-44) より,

$$\begin{aligned}\frac{S}{N} &= \frac{P_s}{P_n} \\ &= \frac{A_c^2 m_{AM}^2 \overline{f(t)^2}}{2\bigl|f(t)\bigr|_{max}^2 N_o W}\end{aligned} \tag{5-45}$$

となる。

一方,DSB 変調の場合は変調波の中に搬送波周波数成分が存在しないので,式 (5-1) に対応する変調波は,

$$f_{DSB}(t) = A'_c \frac{f(t)}{\bigl|f(t)\bigr|_{max}}\cos(2\pi f_c t + \theta_c) \tag{5-46}$$

と表すことができる。ここで A'_c は変調波の最大振幅である。変調波を同期検波したときに得られる変調信号の平均電力は,式 (5-36) と同様に求めることができて,

$$P_s = \frac{A_c'^2}{4} \frac{\overline{f(t)^2}}{|f(t)|_{max}^2} \tag{5-47}$$

となる。また雑音の平均電力は AM 変調の場合と同じく式 (5-44) で表すことができるので，DSB 変調の場合の信号対雑音電力比は，

$$\frac{S}{N} = \frac{A_c'^2 \overline{f(t)^2}}{2|f(t)|_{max}^2 N_o W} \tag{5-48}$$

となる。

SSB 変調の場合には，DSB 変調の両側波帯のうち片方のみを用いて通信するので，それを同期検波したときに得られる変調信号の平均電力は DSB 変調の場合の半分となり，

$$P_s = \frac{A_c'^2}{8} \frac{\overline{f(t)^2}}{|f(t)|_{max}^2} \tag{5-49}$$

と表される。SSB 変調波の占有帯域幅は DSB 変調波の半分であるため，図 5-12 に示した受信機の構成を考慮すると，雑音の平均電力も DSB 変調のときの半分となり，

$$P_n = \frac{N_o W}{4} \tag{5-50}$$

である。式 (5-49) および式 (5-50) より SSB 変調の場合の信号対雑音電力比は，結果的には DSB 変調の場合の式 (5-48) に一致する。

以上をもとにして 4 つの変調方式を改めて比較すると次のようになる。

- DSB 変調は搬送波成分をもたないため，同じ信号対雑音電力比を確保する際，AM 変調に比べて低送信電力でよい。DSB 変調波の占有帯域幅は AM 変調波と同じである。
- SSB 変調は，同じ信号対雑音電力比を確保する際，DSB 変調の半分の信号電力でよい。変調波の占有帯域幅も半分でよい。
- VSB 変調の場合には，同じ信号対雑音電力比を確保するための信号電力および変調波の占有帯域幅は，SSB 変調よりも大きく DSB 変調よりも小さい。

(2) 包絡線検波における雑音の影響

AM 変調波と雑音はそれぞれ式 (5-1) および式 (5-38) で表されるので，両者が混在したときの波形は，

$$\begin{aligned}
f_{AM+noise}(t) &= f_{AM}(t) + n(t) \\
&= \left[A_c\left(1 + m_{AM}\frac{f(t)}{|f(t)|_{max}}\right) + n_c(t) \right]\cos 2\pi f_c t + n_s(t)\sin 2\pi f_c t \\
&= \left[\left\{ A_c\left(1 + m_{AM}\frac{f(t)}{|f(t)|_{max}}\right) + n_c(t) \right\}^2 + n_s(t)^2 \right]^{\frac{1}{2}} \\
&\quad \times \left\{ \frac{A_c\left(1 + m_{AM}\frac{f(t)}{|f(t)|_{max}}\right) + n_c(t)}{\left[\left\{ A_c\left(1 + m_{AM}\frac{f(t)}{|f(t)|_{max}}\right) + n_c(t) \right\}^2 + n_s(t)^2\right]^{\frac{1}{2}}} \cos 2\pi f_c t \right. \\
&\quad \left. + \frac{n_s(t)}{\left[\left\{ A_c\left(1 + m_{AM}\frac{f(t)}{|f(t)|_{max}}\right) + n_c(t) \right\}^2 + n_s(t)^2\right]^{\frac{1}{2}}} \sin 2\pi f_c t \right\} \\
&= \left[\left\{ A_c\left(1 + m_{AM}\frac{f(t)}{|f(t)|_{max}}\right) + n_c(t) \right\}^2 + n_s(t)^2 \right]^{\frac{1}{2}} \cos(2\pi f_c t + \theta_e)
\end{aligned} \tag{5-51}$$

となる．ただし，

$$\tan\theta_e = \frac{-n_s(t)}{A_c\left(1 + m_{AM}\dfrac{f(t)}{|f(t)|_{max}}\right) + n_c(t)}$$

である．ここでは説明を簡単にするため式 (5-1) において $\theta_c = 0$ としているが，これによって一般性が失われることはない．包絡線検波における雑音の影響を知るために，式 (5-51) で表される波形の包絡線を求めると，

$$e(t) = \left[\left\{A_c\left(1 + m_{AM}\frac{f(t)}{|f(t)|_{max}}\right) + n_c(t)\right\}^2 + n_s(t)^2\right]^{\frac{1}{2}}$$

$$= A_c\left(1 + m_{AM}\frac{f(t)}{|f(t)|_{max}}\right)\left[1 + \frac{2n_c(t)}{A_c\left(1 + m_{AM}\frac{f(t)}{|f(t)|_{max}}\right)} + \frac{n_c(t)^2 + n_s(t)^2}{A_c^2\left(1 + m_{AM}\frac{f(t)}{|f(t)|_{max}}\right)^2}\right]^{\frac{1}{2}}$$
(5-52)

となる．ただし，$0 < m_{AM} \leq 1$ と考えている．

変調波の振幅が雑音の振幅より極めて大きく，

$$\left|A_c\left(1 + m_{AM}\frac{f(t)}{|f(t)|_{max}}\right)\right| \gg |n(t)|_{max} \tag{5-53}$$

であるとすると式 (5-52) は，平方根の中の第 3 項を無視して，

$$e(t) \cong A_c\left(1 + m_{AM}\frac{f(t)}{|f(t)|_{max}}\right)\left[1 + \frac{n_c(t)}{A_c\left(1 + m_{AM}\frac{f(t)}{|f(t)|_{max}}\right)}\right] \tag{5-54}$$

$$= A_c + A_c m_{AM}\frac{f(t)}{|f(t)|_{max}} + n_c(t)$$

と近似することができる．ただし，ここで $|\Delta| \ll 1$ のとき $(1+\Delta)^{\frac{1}{2}} \cong 1 + \frac{1}{2}\Delta$ であることを用いている．このとき，検波出力として得られる変調信号の平均電力は第 2 項より，

$$P_s = \frac{A_c^2 m_{AM}^2 \overline{f(t)^2}}{|f(t)|_{max}^2} \tag{5-55}$$

であり，雑音の平均電力は第 3 項ならびに式 (5-40) および式 (5-41) より，

$$P_n = \overline{n_c(t)^2} = 2N_0 W \tag{5-56}$$

である．したがって検波器出力における信号対雑音電力比は，

$$\begin{aligned}\frac{S}{N} &= \frac{P_s}{P_n} \\ &= \frac{A_c^2 m_{AM}^2 \overline{f(t)^2}}{2|f(t)|_{max}^2 N_o W}\end{aligned} \quad (5\text{-}57)$$

となる．これは同期検波の信号対雑音電力比である式 (5-45) に等しい．つまり，雑音電力が搬送波電力に比べて微弱であるならば，簡易な検波器で実現できる包絡線検波は高度な技術を必要とする同期検波と同等の性能を示す．このことが，AM 変調波に対して包絡線検波が広く用いられている理由である．一方，雑音電力が搬送波電力に比べて微弱とはいえない場合には，式 (5-52) の平方根中の第 3 項が影響するため，雑音電力が増す．したがって信号対雑音電力比は低下する．このときのようすを複素数平面（図 5-13）を用いて以下に説明する．

図 5-13 では受信信号および雑音を複素数平面上に示している．受信信号は実数軸に沿ったベクトルで表されている．図中の雑音領域は，受信信号ベクトルの

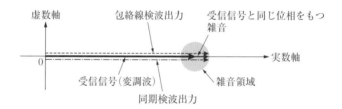

(a) 同期検波出力および包絡線検波出力に雑音の影響が出る場合

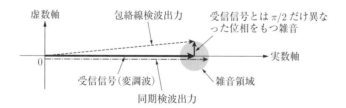

(b) 同期検波出力には雑音の影響が出ず，包絡線検波出力にのみ雑音の影響が出る場合

図 5-13　2 つの検波方式における受信信号と雑音の関係

先端に付加されている雑音ベクトルのとりうる領域のことである。雑音ベクトルはあらゆる大きさや方向をとる可能性がある。この図では，雑音ベクトルの方向が受信信号ベクトルの方向と同じ場合（図 (a)）および直交している場合（図 (b)）を示している。これらは，それぞれ雑音の位相と受信信号の位相が同じ場合と $\frac{\pi}{2}$ だけ異なっている場合に相当している。

同期検波の出力は，式 (5-22) からわかるように，雑音と受信信号の合成ベクトルがもつ実数軸方向成分の長さ（搬送波と同相の成分の大きさ）である。一方，包絡線検波の出力は，式 (5-51) からわかるように，合成ベクトルの原点からの長さ（搬送波と同相の成分および直交した成分をそれぞれ 2 乗し加算したものの平方根）である。雑音電力が小さい場合（図中の雑音領域が小さい場合）には，包絡線検波出力と同期検波出力の大きさは接近する。そのため包絡線検波と同期検波は同等の性能を示す。雑音電力が大きい場合（図中の雑音領域が大きい場合）には，包絡線検波出力は同期検波出力より大きくなる。そのため包絡線検波の方が同期検波より雑音の影響を大きく受ける。

なお，複素数平面上の信号表現については本章末尾のコラムを参照のこと。

コラム

複素数平面上の信号表現

搬送波および変調波を，図 5-C1 に示す複素数平面を用いて説明する。2 章のコラム「負の周波数」で述べたように，正弦波は，複素数平面上で原点を中心に逆方向に回転する 2 つのベクトルを加算したものと見なすことができる（図 (a)）。反時計方向に回転する成分が正の周波数成分（図の実線）であり，時計方向に回転する成分が負の周波数成分（図の破線）である。両者は実軸に関して対称な動きをするので，通信理論では両者を議論することはなく，正の周波数成分のみについて議論する。

この正の周波数成分は図 (b) のように表すことができ，これを搬送波と見なす。いま実数軸（r_1）および虚数軸（i_1）を基準にして，これらと原点を共通にしながら中心に角速度 $2\pi f$ で回転する直交した座標軸 r_2 および i_2 を考える。この新たな 2 つの軸をそれぞれ実数軸および虚数軸として描いた平面が図 (c) である。図 (c) において長さ A，実数軸とのなす角度 θ である静止ベクトルは，周波数が f，振幅が A，搬送波との位相差が θ である信号を表していることになる。ベクトルの先端に位置する点を信号点とよぶ。信号に雑音が重畳されると，信号点は，雑音が存在しない場合の位置を中心に

ゆらぐことになる。

　ディジタル通信においては，変調波がとりうる振幅と位相の組みあわせ（信号点）をあらかじめ多数決めておき，送信データに応じてそれらの中から信号点を選んで信号をつくる。それらの信号点を描いた図を信号点配置図（constellation）とよぶ（8.5節参照）。

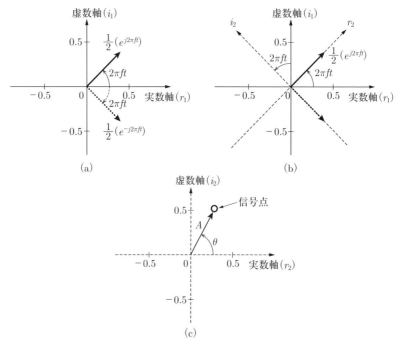

図 5-C1 複素数平面上における搬送波および変調波の表現

演習問題

5-1 次の変調信号で変調指数 100 %の振幅変調を行ったとき，それぞれの変調波の電力の効率 η_{AM} を求めよ。
① 最大値 a および最小値 $-a$ の矩形波
② 最大値 a および最小値 $-a$ の三角波

5-2 SSB 変調波について，通常の AM 変調波と比べたときの周波数利用効率に関わる利点を述べよ。また，SSB 変調波の電力に関する効率が 1 になることを説明せよ。

5-3 リング変調器の構造を示し，各ポートにおける入出力信号波形の例を示せ。

5-4 AM 変調波の同期検波と包絡線検波について原理の違いを説明せよ。

5-5 式 (5-54) で用いた近似式 $(1+x)^{\frac{1}{2}} \cong 1+\frac{x}{2}$ を導け。ただし，$|x| \ll 1$ とする。

6章

角度変調

　周波数変調（Frequency Modulation：FM）は，5章で取り上げた振幅変調と同じくラジオ放送で用いられている変調方式である。音楽放送に多く用いられていることからわかるように，周波数変調は振幅変調に比べて品質が優れた変調方式である。周波数変調に類似した方式に位相変調がある。周波数変調と位相変調は，あわせて角度変調とよばれている。本章では角度変調について解説する。

6.1　周波数変調と位相変調

　角度変調においてなされる信号操作を，本章においても数式によって表現する。5章で述べた振幅変調の場合と同様，情報源からの変調信号を $f(t)$，搬送波を $A_c \cos(2\pi f_c t + \theta_c)$ と表すことにする。周波数変調では変調信号に応じて周波数が f_c を中心に変移するので，得られる変調波は，

$$\begin{aligned}f_{FM}(t) &= A_c \cos\left[\int_0^t 2\pi f_c \left\{1 + k_{FM}\frac{f(\tau)}{|f(\tau)|_{max}}\right\}d\tau + \theta_c\right] \\ &= A_c \cos\left[2\pi f_c t + 2\pi f_c k_{FM}\int_0^t \frac{f(\tau)}{|f(\tau)|_{max}}d\tau + \theta_c\right]\end{aligned} \quad (6\text{-}1)$$

と表すことができる。周波数を 2π 倍したものを時間領域で積分すると位相（角度）が得られる。そのことが式 (6-1) の中に表されている。ここで $f(t) = |f(t)|_{max}$ のときに周波数の変移が $k_{FM}f_c$ となる。これは最大周波数変移とよばれる。k_{FM} は変調の度合いを表す指数である。

　同じようにして位相変調によって得られる変調波は，

$$f_{PM}(t) = A_c \cos\left[2\pi f_c t + 2\pi k_{PM} \frac{f(t)}{|f(t)|_{max}} + \theta_c\right] \qquad (6\text{-}2)$$

と表すことができる。ここで $f(t) = |f(t)|_{max}$ のときの位相の変移が $2\pi k_{PM}$ となる。これは最大位相変移であり，k_{PM} は変調の度合いを示す指数である。

式 (6-1) と式 (6-2) を比較すると，両者の違いは余弦関数の角度成分に積分操作が含まれているかどうかだけである。変調の前の段階で変調信号を積分するかしないかによって周波数変調になるか位相変調になるかが決まると考えてよい。角度成分が時間とともに変化している点で両者は共通している。したがって周波数変調と位相変調は，本質的に同じと見なすことができる。そのため，これらは一括して角度変調とよばれる。

周波数変調と位相変調を検波の観点から比較する。後者では位相を検出しなければならないので，基準となる位相をもつ搬送波を受信側で準備しなければならない。そのため同期検波が不可欠となる（5.6 節参照）。振幅変調のところで述べたように，この検波方式では受信機側において所定の位相を維持できる高精度の正弦波を準備しなければならない。それに対して前者の周波数変調では，周波数の変移が検出できさえすればよく，同期検波は必ずしも使わなくてもよい。受信機の回路が簡単になる。そのため現在のラジオ放送では，位相変調ではなく周波数変調が利用されている。このようなことから，本章では対象を周波数変調に絞って話を進める。

6.2 周波数変調波のスペクトル

本節では，時間領域で表された周波数変調波の数式をもとにして，それに変形を施すことにより得られる周波数領域での変調波の振る舞いについて解説する。

(1) 正弦波の変調信号

ここでは説明を簡単にするため，周波数変調波を表す式 (6-1) の余弦関数がもつ角度成分のうち第 2 項および第 3 項をあわせたものを $m_{FM} \cos 2\pi f_m t$ とし，

$$f_{FM}(t) = A_c \cos(2\pi f_c t + m_{FM} \cos 2\pi f_m t) \qquad (6\text{-}3)$$

と表現できる場合について考える。すなわち式 (6-1) において $f(t) = -\sin 2\pi f_m t$, $\dfrac{f_c k_{FM}}{f_m} = m_{FM} = \theta_c$ の場合について考える。これにより，複雑な数式である式 (6-1) が式 (6-3) のように簡単な数式となる。これは，変調信号 $f(t)$ が，通常の音声信号や音響信号のように複雑な波形ではなく，単純な正弦波である場合に相当する。ここで m_{FM} を周波数変調における変調指数とよぶことにする。

式 (6-3) を見ると，三角関数の角度成分の中に他の三角関数が存在する。このような関数は，超越関数の 1 つである第 1 種ベッセル関数を用いて三角関数の級数によって表現できることが関数論で知られている。すなわち，第 1 種ベッセル関数，

$$J_n(x) = \frac{1}{2\pi} \int_{-\pi}^{\pi} e^{jx\sin\theta} \cdot e^{-jn\theta} d\theta \tag{6-4}$$

を用いると，

$$\cos(x\cos\theta) = J_0(x) + 2\sum_{n=1}^{\infty}(-1)^n J_{2n}(x)\cos 2n\theta \tag{6-5}$$

$$\sin(x\cos\theta) = 2\sum_{n=1}^{\infty}(-1)^{n+1} J_{2n-1}(x)\cos(2n-1)\theta \tag{6-6}$$

なる関係がある。これらを式 (6-3) に適用すると，

$$\begin{aligned}
f_{FM}(t) &= A_c \cos(2\pi f_c t + m_{FM} \cos 2\pi f_m t) \\
&= A_c \big[\cos 2\pi f_c t \cdot \cos(m_{FM} \cos 2\pi f_m t) - \sin 2\pi f_c t \cdot \sin(m_{FM} \cos 2\pi f_m t) \big] \\
&= A_c \Bigg[\bigg\{ J_0(m_{FM}) + 2\sum_{n=1}^{\infty}(-1)^n J_{2n}(m_{FM})\cos 4n\pi f_m t \bigg\} \cos 2\pi f_c t \\
&\quad - \bigg\{ 2\sum_{n=1}^{\infty}(-1)^{n+1} J_{2n-1}(m_{FM})\cos 2(2n-1)\pi f_m t \bigg\} \sin 2\pi f_c t \Bigg] \\
&= A_c \sum_{n=-\infty}^{\infty} J_n(m_{FM})\cos\bigg[2\pi(f_c + nf_m)t + \frac{n\pi}{2} \bigg]
\end{aligned} \tag{6-7}$$

となる。図 6-1 に第 1 種ベッセル関数 $J_n(x)$ を示す。$J_n(x)$ は，変数 x の増加とともに正と負の値を交互にとりながら振動をくり返す。絶対値は x の増加とともに減少する。第 1 種ベッセル関数は，円形振動面（例：太鼓）の動きを解析するときなどに用いられる特殊関数である。

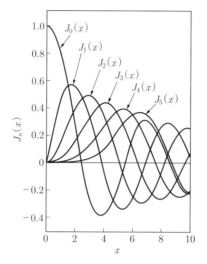

図 6-1　第1種ベッセル関数

式 (5-3) と式 (6-7) を比較すると次のことがわかる。

① 変調信号が周波数 f_m の正弦波の場合，振幅変調では搬送波の両側に f_m だけ離れてそれぞれ1つの側波帯信号が発生する。しかし周波数変調では，搬送波の両側にそれぞれ無限個の側波帯信号が，周波数間隔 f_m で発生する。

② 振幅変調では，変調波の中にある搬送波周波数成分の振幅は変調信号に関わらず一定である。しかし周波数変調では，搬送波周波数成分の振幅 $A_c J_0(m_{FM})$ は変調指数 m_{FM} の値によって変化する。

式 (6-7) をもとにして，変調指数 m_{FM} が小さい場合と大きい場合の数値例として，0.5 および 3 を選んだときの周波数変調波のスペクトルを図 6-2 に示す。上述した①，②が成り立っていることがわかる。

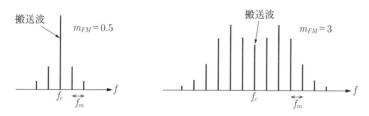

図 6-2　周波数変調の変調波スペクトル

(2) 変調指数 m_{FM} が極めて小さい場合

第1種ベッセル関数を級数で表すと,

$$J_n(x) = \left(\frac{x}{2}\right)^n \sum_{m=0}^{\infty} \frac{(-1)^m \left(\frac{x}{2}\right)^{2m}}{m!(n+m)!} \tag{6-8}$$

となることが知られている。式 (6-8) において x が極めて小さいと級数の高次の項が無視できるので,第1種ベッセル関数を簡単な数式で近似できるようになる。つまり,x が極めて小さい場合には x の2次以上の項を無視して,

$$J_0(x) \cong 1$$
$$J_1(x) = -J_{-1}(x) \cong \frac{x}{2}$$
$$J_n(x) = (-1)^n J_{-n}(x) \cong 0 \quad (n \geq 2)$$

となる。

ここで変調指数 m_{FM} が極めて小さい特別な場合について考えてみる。上述した $J_0(x)$,$J_1(x)$ および $J_2(x)$ の近似式を式 (6-7) に適用すると,変調波を表すこの式は簡単になって,

$$\begin{aligned}
f_{FM}(t) &= A_c \cos 2\pi f_c t + \frac{A_c m_{FM}}{2} \cos\left[2\pi(f_c + f_m)t + \frac{\pi}{2}\right] \\
&\quad - \frac{A_c m_{FM}}{2} \cos\left[2\pi(f_c - f_m)t - \frac{\pi}{2}\right] \\
&= A_c \cos 2\pi f_c t + \frac{A_c m_{FM}}{2} \cos\left[2\pi(f_c + f_m)t + \frac{\pi}{2}\right] \\
&\quad + \frac{A_c m_{FM}}{2} \cos\left[2\pi(f_c - f_m)t + \frac{\pi}{2}\right]
\end{aligned} \tag{6-9}$$

となる。式 (6-9) は,振幅変調の式 (5-3) において $\theta_c = 0$ とした場合によく似ている。相違点は余弦関数の角度成分の中に $\frac{\pi}{2}$ があるかないかである。このことを図 6-3 により説明する。

図 6-3 は振幅変調波と周波数変調波を複素数平面上に表したものである(5章のコラム参照)。ベクトル $\overrightarrow{OA}$ は搬送波であり,振幅変調(図 (a))の場合,これは式 (5-3) の第1項に対応する。また周波数変調(図 (b))では式 (6-9) の第1項に対応する。ベクトル $\overrightarrow{AB_1}$ および $\overrightarrow{AB_2}$ は2つの側波帯であり,振幅変調(図

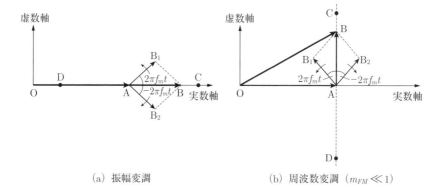

(a) 振幅変調　　　　　　　(b) 周波数変調（$m_{FM} \ll 1$）

図 6-3 振幅変調波と周波数変調波の複素数平面上における表現。本来は $\overrightarrow{OA} \gg \overrightarrow{AB}$ とすべきであるが，作図の都合上そのようにしていない

(a)）では式 (5-3) の第 2 項および第 3 項にそれぞれ対応する。また周波数変調（図 (b)）では式 (6-9) の第 2 項および第 3 項にそれぞれに対応する。以上の 3 つのベクトル $\overrightarrow{OA}$，$\overrightarrow{AB_1}$ および $\overrightarrow{AB_2}$ を合成して得られるベクトル $\overrightarrow{OB}$ は，式 (5-3) および式 (6-9) で表されている変調波である。

図 6-3 において矢印で示しているように，側波帯 $\overrightarrow{AB_1}$ および $\overrightarrow{AB_2}$ は周波数 f_m でそれぞれ反時計方向および時計方向に回転する。これら 2 つのベクトルを合成したベクトル $\overrightarrow{AB}$ は，振幅変調では式 (5-3) の第 2 項および第 3 項がもつ角度成分に定数項が存在しないので，搬送波 $\overrightarrow{OA}$ と同じ方向にある。一方，周波数変調では式 (6-9) の第 2 項および第 3 項がもつ角度成分に定数項 $\frac{\pi}{2}$ が存在するので，搬送波 $\overrightarrow{OA}$ とは直交した方向にある。そのため，2 つの変調方式における変調波 $\overrightarrow{OB}$ は互いに異なったベクトルになる。側波帯ベクトルの回転とともに，点 B が点 C と D の間を行き来することになるが，それにともなって振幅変調では変調波 $\overrightarrow{OB}$ はその方向を実数軸方向に維持しながら長さを変化させる。一方，周波数変調では，変調波 $\overrightarrow{OB}$ は長さをほぼ一定（図 6-3 ではそのように表現されていないが，$\overrightarrow{OA} \gg \overrightarrow{AB}$ であればそのように見なせる）に維持したままその方向を実数軸に対して正および負の角度方向へ変化させる。つまり振幅変調および周波数変調（角度変調）では，両者の側波帯ベクトルがもつ角度に $\frac{\pi}{2}$ の違いがある。

6.3 周波数変調波の発生

送信側において周波数変調を行うために用いる電子回路について見てみよう。インダクタンスとキャパシタンスを組みあわせた共振回路と増幅器をフィードバック結合することによって発振器を実現することができる。例としてコレクタ同調型 LC 発振器の原理図を図 6-4 に示す。共振回路を構成するインダクタンスを L、キャパシタンスを C とすると、発振周波数は電子回路理論でよく知られているように、

$$f_c = \frac{1}{2\pi\sqrt{LC}} \tag{6-10}$$

となる。したがってもし、L または C が時間とともに変化するならば、発振周波数 f_c もそれに応じて変化することになる。

いま、共振回路を構成するインダクタンス L が固定値 L_0 を基準にして変調信号 $f(t)$ に比例して変化して、

$$L(t) = L_0\left[1 + a\frac{f(t)}{|f(t)|_{max}}\right] \tag{6-11}$$

と表すことができるとする。式 (6-11) にある a は、変調信号 $f(t)$ がインダクタンス $L(t)$ に及ぼす効果を表す係数である。式 (6-11) を式 (6-10) に代入すると、

$$f_c(t) = \frac{1}{2\pi\sqrt{L_0 C}}\left[1 + a\frac{f(t)}{|f(t)|_{max}}\right]^{-\frac{1}{2}} \tag{6-12}$$

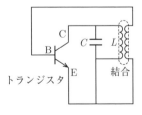

図 6-4 コレクタ同調型 LC 発振器の原理

となる。インダクタンスの変化量が小さく $a \ll 1$ であるとすると，式 (6-12) は，

$$f_c(t) \cong \frac{1}{2\pi\sqrt{L_0 C}} \left[1 - \frac{a}{2} \frac{f(t)}{|f(t)|_{max}} \right] \tag{6-13}$$

となる。このようにして，発振器から得られる搬送波の周波数変化は，変調信号 $f(t)$ に比例する。すなわち周波数変調がなされることになる。

　上述した原理によって周波数変調をするには，式 (6-11) で表されるような可変インダクタンスが必要である。図 6-5 には，インダクタンスを入力信号によって制御できる電子回路の例を示す。この電子回路は，電界効果トランジスタ（Field-Effect Transistor：FET）と 2 つのインピーダンス Z_1 および Z_2 から構成されている。FET がもつ 3 つの端子であるゲート，ドレイン，ソースを図 6-5 ではそれぞれ G，D，S と表している。ドレイン・ゲート間にはインピーダンス Z_1 が，ソース・ゲート間にはインピーダンス Z_2 が接続されている。FET の相互コンダクタンス（ドレイン電流とゲート・ソース間電圧の比）を g_m とすると，出力端子間のアドミタンス（電流と電圧の比）Y は，ゲートに流れる電流を無視することができるので，

$$\begin{aligned} Y &= \frac{i}{v} = \frac{(i_1 + i_2)}{v} = \frac{i_1}{v} + \frac{v_1 g_m}{v} = \frac{i_1}{v} + \frac{i_1 Z_2 g_m}{v} \\ &= \frac{1}{Z_1 + Z_2} + \frac{g_m Z_2}{Z_1 + Z_2} \end{aligned} \tag{6-14}$$

となる。ここでインピーダンス Z_1 を抵抗，インピーダンス Z_2 をコンデンサとして，

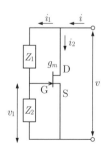

図 6-5　インダクタンスの制御回路

$$Z_1 = R, \quad Z_2 = \frac{1}{j2\pi fC} \tag{6-15}$$

とし，$2\pi fCR \gg 1$ であるとすると式 (6-14) で表されるアドミタンスは，

$$\begin{aligned}
Y &= \frac{1}{R + \dfrac{1}{j2\pi fC}} + \frac{\dfrac{g_m}{j2\pi fC}}{R + \dfrac{1}{j2\pi fC}} \\
&= \frac{j2\pi fC}{1 + j2\pi fCR} + \frac{g_m}{1 + j2\pi fCR} \\
&\simeq \frac{1}{R} + \frac{1}{j2\pi f \dfrac{CR}{g_m}}
\end{aligned} \tag{6-16}$$

となる．これは抵抗 R とインダクタンス $\dfrac{CR}{g_m}$ の並列回路と見なすことができる．FET の g_m は，ゲートに加わるバイアス電圧（信号とは別に素子の端子に加える一定の電圧）によって変化する．したがって変調信号をバイアス電圧に用いれば，変調信号によって g_m が変化し，その結果インダクタンスも変化することになる．この電子回路を，発振器を構成する同調回路に接続しておけば，変調信号によって発振周波数を変化させることができ周波数変調が可能となる．

式 (6-11) ではインダクタンス L が変化する場合を示したが，キャパスタンス C が変化しても式 (6-10) の関係を用いて周波数変調を行うことができる．半導体素子の中にはバリキャップダイオードのように，逆バイアス電圧を変化させることによってキャパスタンスを変えることができるものがある．

周波数変調を行うそのほかの方法として，図 6-3(b) の複素数平面上で示した信号表現を利用する方法がある．すなわち，まず図 6-3(b) の側波帯成分だけを得るため，積分した変調信号と搬送波とをリング変調器に入れて，その出力として DSB 変調波を得る．これは図 6-3(a) の点 A を基準にしたベクトル $\overrightarrow{AB}$ である．一方，搬送波の位相を $-\dfrac{\pi}{2}$ だけ変化させた正弦波を準備する．そしてこれら DSB 変調波と位相変化させた正弦波を合成させたものは，図 6-3(b) のすべてのベクトルを $-\dfrac{\pi}{2}$ だけ回転させたものに等しくなる．したがって，この方法により最終的に周波数変調波を得ることができる．

この変調法はアームストロング（Armstrong）変調法とよばれる。これは，図 6-3(b) を示したところでも述べたように，変調指数が小さいときに成り立つ考え方に基づいている。したがって，周波数変移の大きな変調には使うことができない。アームストロング変調法を使って大きな周波数変移を実現する場合には，上述したようにして得た変調波に対して周波数逓倍（もとの信号を周波数が整数倍である高周波に変換する操作）をすることが知られている。

6.4 周波数変調波の検波

受信側において周波数変調波を検波するには，入力信号の瞬時周波数の変化に比例して出力信号のレベルが変化するような電子回路を用いればよい。そのような電子回路を周波数弁別器とよぶ。図 6-6 にはもっとも基本的な構成の周波数弁別器とそこでの信号波形を示す。

この電子回路は，高域通過フィルタ部，包絡線検波部，直流遮断部からなり，これらを縦続接続した構造になっている。高域通過フィルタは一般に図 6-7 で示すような伝達関数をもっている。そのため，図 6-6 に示す周波数変調波（①での波形）は高い周波数のときほど大きな振幅の変調波として包絡線検波部に入る（②での波形）。包絡線検波部からの出力は 5-6 節で述べたように瞬時の振幅に比例した大きさになることから，その出力（③での波形）によって周波数変調波の周波数変化を検出することができる。最後に直流遮断部によって直流を除くことに

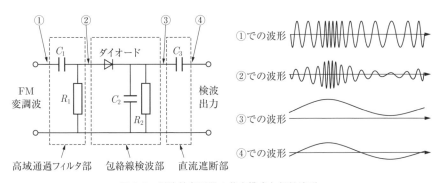

図 6-6　周波数弁別器の基本構成と信号波形

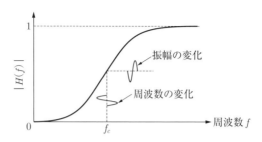

図6-7 高域通過フィルタ部の特性

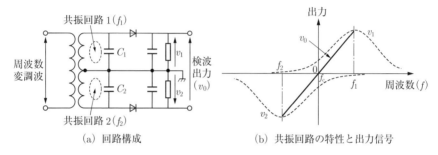

(a) 回路構成　　　　　(b) 共振回路の特性と出力信号

図6-8 改良型周波数弁別器

より，変調信号（④での波形）が得られる。

　図6-6に示した周波数弁別器では高域通過フィルタの特性が線形でないため，変調波の周波数変化が大きいときには歪（3.1節参照）が発生する。これをなくすために，図6-8のような電子回路が考えられている。図6-8(a)では，搬送波周波数f_cを中心にして，それよりも高い周波数$f_1 = f_c + \Delta f_0$およびそれよりも低い周波数$f_2 = f_c - \Delta f_0$を共振周波数とする2つの共振回路を準備し，それぞれに図6-6と同様の包絡線検波部（出力はそれぞれv_1およびv_2）を接続する。そして両者の差動出力（$v_0 = v_1 - v_2$）を検波出力とする。この方法により，個別の周波数弁別器がもっている非線形特性がほぼ相殺され，大きな周波数変移に対しても検波が可能となる。また，差動出力を利用するので，2つの共振回路の特性が適切になっていれば図6-6にある直流遮断部は必要ない。このような周波数弁別器の動作を図6-8(b)に示す。2つの共振回路の出力（v_1およびv_2）は差動出力（v_0）に変換されるので，v_1に対してv_2は逆の極性となるように図示されている。

6.5 周波数変調の信号対雑音電力比

5章の振幅変調の場合と同様に周波数変調においても，システムの評価は，受信側で検波をしたあとの信号対雑音電力比によってなされる。ここではまず検波出力がもつ信号電力を求める。周波数変調波の検波出力は瞬時の周波数に比例する。つまり，周波数変調波の角度成分を時間で微分した値に比例することになる。周波数変調波は式 (6-1) で表されるので，その角度成分を微分すると，

$$\frac{d}{dt}\left[\int_0^t 2\pi f_c \left\{1 + k_{FM}\frac{f(\tau)}{|f(\tau)|_{max}}\right\}d\tau + \theta_c\right] = 2\pi f_c \left\{1 + k_{FM}\frac{f(t)}{|f(t)|_{max}}\right\} \quad (6\text{-}17)$$

となる。これの第2項を検波出力と見なすと，その平均電力 P_s は，

$$P_s = (2\pi f_c)^2 k_{FM}^2 \frac{\overline{f(t)^2}}{|f(t)|_{max}^2} \quad (6\text{-}18)$$

となる。

続いて検波出力がもつ雑音電力を求める。そのために，検波器への入力である周波数変調波と雑音が混在した波形を考える。説明を簡単にするため変調信号のレベルが極めて小さく $f(t) = 0$ と見なせるものとすると，この波形は式 (5-38) および式 (6-1) より，

$$f_{FM+noise}(t) = A_c \cos 2\pi f_c t + n_c(t)\cos 2\pi f_c t + n_s(t)\sin 2\pi f_c t \quad (6\text{-}19)$$

となる。ただし，数式を簡単にするため式 (6-1) において $\theta_c = 0$ としている。このようにしても，説明に一般性が失われることはない。式 (6-19) を変形すると，

$$f_{FM+noise}(t) = \left\{A_c + n_c(t)\right\}\cos 2\pi f_c t + n_s(t)\sin 2\pi f_c t$$

$$= \sqrt{\left\{A_c + n_c(t)\right\}^2 + n_s(t)^2}\left[\frac{A_c + n_c(t)}{\sqrt{\left\{A_c + n_c(t)\right\}^2 + n_s(t)^2}}\cos 2\pi f_c t\right.$$

$$\left. + \frac{n_s(t)}{\sqrt{\left\{A_c + n_c(t)\right\}^2 + n_s(t)^2}}\sin 2\pi f_c t\right]$$

$$= \sqrt{\left\{A_c + n_c(t)\right\}^2 + n_s(t)^2}\cos\left\{2\pi f_c t + \phi(t)\right\} \quad (6\text{-}20)$$

となる。ただし，

$$\phi(t) = \tan^{-1} \frac{-n_s(t)}{A_c + n_c(t)} \tag{6-21}$$

である。ここで，雑音の電力が変調波のそれに比べて極めて小さいと仮定すると，

$$\phi(t) \cong \tan^{-1} \frac{-n_s(t)}{A_c} \cong \frac{-n_s(t)}{A_c} \tag{6-22}$$

と近似できるので，雑音の検波出力は信号の場合と同様に角度成分を時間で微分して，

$$\frac{d}{dt}\phi(t) = -\frac{1}{A_c} \frac{dn_s(t)}{dt} \tag{6-23}$$

となる。つまり，周波数変調において検波出力に現れる雑音は，搬送波に対して直交した位相をもつ高周波の雑音成分（式 (6-19) の第 3 項）によって発生する。図 6-3(b) で示したように，周波数変調波は，搬送波に対して直交した位相をもつ高周波を信号成分として有している。したがって信号に影響を及ぼす雑音も，信号と同様，搬送波に対して直交した位相をもつ高周波成分と関わりをもつことになる。雑音のレベルはその成分を時間微分したものである。

式 (6-23) は雑音を時間領域で示したものである。次に，雑音を周波数領域でとらえてみることにしよう。2.3 節で示した非周期信号のように，有限時間幅以外は 0 となる関数 $x(t)$ と $X(f)$ がフーリエ変換対であり，

$$x(t) \Leftrightarrow X(f)$$

という関係があるとして $\dfrac{dx(t)}{dt}$ のフーリエ変換を求めると，

$$\int_{-\infty}^{\infty} \frac{dx(t)}{dt} e^{-j2\pi ft} dt = \left[x(t) e^{-j2\pi ft} \right]_{-\infty}^{\infty} - (-j2\pi f) \int_{-\infty}^{\infty} x(t) e^{-j2\pi ft} dt$$
$$= j2\pi f X(f)$$

であり，

$$\frac{dx(t)}{dt} \Leftrightarrow j2\pi f X(f)$$

という関係が成り立つ。すなわち，時間領域での微分は，周波数領域において

$j2\pi f$ を掛けることに対応している。

さて，上記の関係をもとに周波数変調の雑音について考えてみよう。雑音成分 $n_s(t)$ の有限時間幅 T 以外では 0 となるような波形を $n_{s<T>}(t)$ とし，そのフーリエ変換を $N_{s<T>}(f)$ とする。このとき，上述した関係および式 (6-23) から，周波数変調波の検波出力における雑音のフーリエ変換は $-\dfrac{j2\pi f N_{s<T>}(f)}{A_c}$ となる。この電力スペクトル密度 $W_n(f)$ は式 (2-38) より，

$$W_n(f) = \lim_{T \to \infty} \frac{2|2\pi f N_{s<T>}(f)|^2}{A_c^2 T} \tag{6-24}$$

と表すことができる。つまり $W_n(f)$ は，雑音成分の電力スペクトル密度と周波数の 2 乗を掛けたものに比例する。ここで f は正の周波数領域に限られているものとする。

一方，変調波に加わる雑音が白色雑音であると，その電力スペクトル密度については 5.7 節で述べた内容（① 雑音電力スペクトル密度が $\dfrac{N_0}{2}$，② 変調波占有帯域幅が $2W$，③ 正と負の周波数を考慮）と同様の考え方をとることができる。受信機の検波器には，不要な周波数領域の信号や雑音を除去するため低域通過フィルタが接続される。このとき，

$$\lim_{T \to \infty} \frac{2|N_{s<T>}(f)|^2}{T} = \frac{\left(\dfrac{N_0}{2} \times 2W \times 2\right)}{W} = 2N_0 \tag{6-25}$$

が成り立つ。ここで分母にある W は検波出力（検波後）の占有帯域幅である。

式 (6-24) および式 (6-25) から検波出力における雑音の電力スペクトル密度は，

$$W_n(f) = \frac{2(2\pi)^2 N_0}{A_c^2} f^2 \tag{6-26}$$

となる。この結果から，周波数変調においては高い周波数領域ほど雑音が強調されることがわかる。図 6-9 では，検波出力の雑音電力スペクトル密度を，振幅変調の場合および周波数変調の場合について比較している。

上記をもとにして検波出力の雑音電力 P_n は，

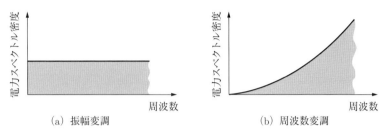

図 6-9　検波出力の雑音電力スペクトル密度

$$P_n = \int_0^W W_n(f)df$$
$$= \frac{2(2\pi)^2 N_0 W^3}{3A_c^2} \quad (6\text{-}27)$$

となる。

式 (6-18) および式 (6-27) から周波数変調における信号対雑音電力比は，

$$\frac{S}{N} = \frac{P_s}{P_n}$$
$$= \frac{3A_c^2 k_{FM}^2 f_c^2}{2N_0 W^3} \cdot \frac{\overline{f(t)^2}}{|f(t)|_{max}^2} \quad (6\text{-}28)$$

となる。

さて，ここで振幅変調と周波数変調について性能を比較するため，振幅変調の信号対雑音電力比を表す式 (5-45) および式 (5-57) と周波数変調の信号対雑音電力比を表す式 (6-28) を比較してみる。両者の比は，

$$\frac{\left(\dfrac{S}{N}\right)_{FM}}{\left(\dfrac{S}{N}\right)_{AM}} = \frac{3k_{FM}^2 f_c^2}{m_{AM}^2 W^2} \geq \frac{3k_{FM}^2 f_c^2}{W^2} \quad (6\text{-}29)$$

である。ここで不等号は，振幅変調の変調指数 m_{AM} が 5.1 節で述べたように $0 < m_{AM} \leq 1$ の範囲に限定された値であることに対応している。式 (6-29) で表された比が 1 を超えるための条件は，

$$k_{FM}f_c > \frac{W}{\sqrt{3}} \tag{6-30}$$

である。つまり，周波数変調の最大周波数変移（左辺）が変調信号占有帯域幅（右辺の分子）の $\frac{1}{\sqrt{3}}$ 倍以上であれば式 (6-29) の比は 1 を超え，周波数変調の信号対雑音電力比が振幅変調のそれより大きくなる。変調器においてこの条件を満たすことは容易である。このことから，音質の良さが求められる通信や放送には振幅変調よりも周波数変調が多く用いられている。

6.6　雑音電力が大きいときの振る舞い

式 (6-22) 以降では，雑音の電力が変調波のそれに比べて極めて小さいと仮定して進めた。この仮定が成り立たない場合についても考えてみるため，雑音に関わる 2 つの波形 $n_c(t)$, $n_s(t)$ を以下では次式のように表すことにする。

$$n_c(t) = n_0 \cos 2\pi f_n t \tag{6-31}$$
$$n_s(t) = n_0 \sin 2\pi f_n t \tag{6-32}$$

すなわち，雑音は不規則な変化をするのではなく，搬送波を基準にして振幅 n_0，周波数 f_n の正弦波として変化するものと考える。

まず，周波数変調波の電力が雑音のそれに比べて極めて大きい場合を考えると，式 (6-32) を式 (6-23) に代入して，雑音の検波出力，

$$\frac{d}{dt}\phi(t) = -\frac{2\pi f_n n_0}{A_c} \cos 2\pi f_n t \tag{6-33}$$

を得る。検波器に接続される低域通過フィルタの通過帯域幅は f_n より大きいとすると，雑音電力 P_n は，

$$P_n = \overline{\left(\frac{d}{dt}\phi(t)\right)^2} = \frac{(2\pi)^2 f_n^2 n_0^2}{2A_c^2} \tag{6-34}$$

となる。

次いで，逆に変調波の電力が雑音のそれに比べて極めて小さくなった場合には，式 (6-21) より，

$$\phi(t) \cong \tan^{-1}\frac{-n_s(t)}{n_c(t)} = -2\pi f_n t \tag{6-35}$$

となるため，

$$\frac{d}{dt}\phi(t) = -2\pi f_n \tag{6-36}$$

$$P_n = \overline{\left(\frac{d}{dt}\phi(t)\right)^2} = (2\pi)^2 f_n^2 \tag{6-37}$$

を得る．式 (6-34) では A_c は n_o に比べて極めて大きいとしているので，式 (6-34) と式 (6-37) を比較すると前者は後者に比べて極めて小さいことがわかる．また，前者は搬送波電力 $\left(\frac{A_c^2}{2}\right)$ の増加とともに減少する．

一方，式 (6-31) および式 (6-32) を振幅変調に当てはめてみる．たとえば包絡線検波では式 (5-56) に従い，

$$\begin{aligned}P_n &= \overline{n_c(t)^2} = \overline{\left(n_0\cos 2\pi f_n t\right)^2} \\ &= \frac{n_0^2}{2}\end{aligned} \tag{6-38}$$

である．

以上の結果をもとにして検波器出力における各種電力の関係を求めると図 6-10 のようになる．まず図 (a) は，雑音電力と搬送波電力の関係を示している（図中の単位〔dBm〕については，9.4 節参照）．振幅変調では，搬送波電力の大きさに関わらず雑音電力は一定である（これは式 (6-38) に対応）．一方，周波数

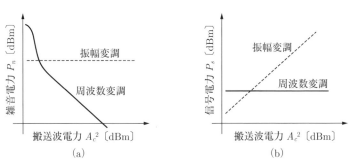

図 6-10 搬送波電力と検波後の雑音電力および信号電力の関係

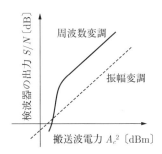

図 6-11 周波数変調と振幅変調における信号対雑音電力比

変調では，搬送波電力の減少とともに雑音電力は増加する（これは式 (6-34) に対応）。特に搬送波電力が極めて小さくなると，雑音電力は急激に大きくなる（これは式 (6-37) に対応）。

これに対して図 (b) は，信号電力と搬送波電力の関係を示している。振幅変調では，搬送波電力の増加とともに信号電力も増加する（これは式 (5-55) に対応）。一方，周波数変調では，搬送波電力の大きさに関わらず信号電力は一定である（これは式 (6-18) に対応）。

以上の結果をもとに，検波器出力における信号対雑音電力比が搬送波電力によってどのように変化するかを求めることができる。その結果を図 6-11 に示す。受信した搬送波電力が小さくなると信号対雑音電力比は急激に低下する。これは周波数変調の振幅変調に対する改善限界効果とよばれている。

6.7 エンファシス

式 (6-26) および図 6-9 で示したように，周波数変調の検波出力では雑音の電力スペクトル密度は周波数の 2 乗に比例して増大する。変調信号では高い周波数成分ほど雑音の影響を強く受け，そこでの信号対雑音電力比は小さくなってしまう。しかも，変調信号そのもののスペクトルは，一般に高い周波数においてレベルが低下する傾向があるので，一層雑音の影響を受けやすい。

この問題を解消するため，送信機の変調前の段階で変調信号の高い周波数成分を強調し，逆に受信機の検波後の段階では検波出力の高い周波数成分を抑制する

手法がとられている。前者はプレエンファシス（pre-emphasis），後者はデエンファシス（de-enphasis）とよばれる。エンファシスはこれらの総称である。

プレエンファシスとデエンファシスには変調信号のスペクトル分布を変えるためにフィルタが必要である。それぞれの伝達関数を $H_{pre}(f)$, $H_{de}(f)$ とすると，

$$H_{pre}(f) \cdot H_{de}(f) = 1 \tag{6-39}$$

を満足させなければならない。一般に，伝達関数として，

$$H_{pre}(f) = 1 + j\frac{f}{f_0} \tag{6-40}$$

$$H_{de}(f) = \frac{1}{1 + j\dfrac{f}{f_0}} \tag{6-41}$$

が用いられる。

演習問題

6-1 搬送波 $A_c \cos 2\pi f_c t$ を変調信号 $A_m \cos 2\pi f_m t$ で最大周波数変移 Δf の周波数変調を行ったとき，その変調波を数式で表せ。

6-2 周波数変調器を用いて位相変調波を得ることを考えてみる。変調信号に対して事前にどのような処理をしてから周波数変調器に加えれば位相変調波が得られるか。

6-3 変調指数 $m_{FM} = 2$ の周波数変調波のスペクトルを描け。

6-4 周波数変調波の検波器について，構造と動作原理を説明せよ。

6-5 受信機の検波出力において，周波数変調では振幅変調に比べて信号に対する雑音の影響を抑えることができる理由を述べよ。

7章

PCM

パルスを基本波形とする変調方式の中でもっとも広く用いられているのはパルス符号変調（Pulse Code Modulation：PCM）である。PCM は，アナログ信号をディジタル信号に変換する代表的な手法であり，ディジタル通信システムを実現するうえで不可欠な技術である。信号レベルが時間とともに連続的に変化するアナログ信号を，パルスの有無で表されるディジタル信号に変換するには，標本化，量子化，符号化という3つのステップを経る必要がある。本章では，これらに関わる技術について順次解説する。

7.1 標本化

映画は，動く情景を離散的な時間ごとに切り出し，それらを静止画像の集まりとして記録することによってつくられている。これと同じように，もとのアナログ信号を離散的な時間ごとに切り出す操作を標本化とよぶ。その際，問題になるのは切り出すときの間隔（周期）である。周期を短くすればするほど，もとの信号に対して忠実に切り出すことができるが，周期に反比例して処理や信号の量が増えるので，標本化を行う機器に負担がかかる。周期をできるだけ長くして，しかももとのアナログ信号を忠実に復元できるようにすることが求められる。この周期は標本化定理によって示されている。

標本化定理によると，周波数幅 B 〔Hz〕に帯域制限された信号は，$\frac{1}{2B}$ 〔s〕以下の周期で抽出された標本値で一意的に決定できる。つまり，もとのアナログ信号がもっている周波数幅が B 〔Hz〕であるとすると，1秒間に $2B$ 回以上の頻

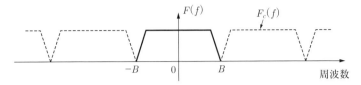

図 7-1 $f(t)$ のフーリエ変換 $F(f)$

度で周期的に切り出せばよいということになる。上述した映画の例でいえば，人間の視覚が追随できる視覚的な周波数限界が B 〔Hz〕であるとすると，静止画像を $\frac{1}{2B}$ 〔s〕またはそれより短い時間ごとに撮影すれば，人間はそれを連続的な動画として認識できるということになる。

以下にはこの標本化定理の証明を示す。$0 \sim B$〔Hz〕の周波数成分のみをもつ関数 $f(t)$ のフーリエ変換を $F(f)$ とすると，2.3 節で述べたように，

$$f(t) = \int_{-\infty}^{\infty} F(f) e^{j2\pi ft} df = \int_{-B}^{B} F(f) e^{j2\pi ft} df \tag{7-1}$$

$$F(f) = \int_{-\infty}^{\infty} f(t) e^{-j2\pi ft} dt \tag{7-2}$$

が成り立つ。いま，図 7-1 のように $F(f)$ が実線で示すような関数であるとすると，これと同じものが周波数軸に沿って周期 $2B$ で破線のようにくり返されている場合の関数 $F_c(f)$ はフーリエ級数に展開して，

$$F_c(f) = \sum_{n=-\infty}^{\infty} C_n e^{j\frac{2\pi nf}{2B}} = \sum_{n=-\infty}^{\infty} C_{-n} e^{-j\frac{2\pi nf}{2B}} \tag{7-3}$$

$$C_{-n} = \frac{1}{2B} \int_{-B}^{B} F_c(f) e^{j\frac{2\pi nf}{2B}} df = \frac{1}{2B} \int_{-B}^{B} F(f) e^{j\frac{2\pi nf}{2B}} df \tag{7-4}$$

と表すことができる。C_{-n} を表す式 (7-4) と $f(t)$ を表す式 (7-1) とを比較することにより，

$$C_{-n} = \frac{1}{2B} f\left(\frac{n}{2B}\right) \tag{7-5}$$

なる関係が得られるので，これを上述したフーリエ級数の式 (7-3) に代入して，

$$F_c(f) = \frac{1}{2B} \sum_{n=-\infty}^{\infty} f\left(\frac{n}{2B}\right) e^{-j\frac{2\pi nf}{2B}} \tag{7-6}$$

となる。したがって式 (7-1) は，

$$\begin{aligned}
f(t) &= \int_{-\infty}^{\infty} F(f) e^{j2\pi ft} df \\
&= \int_{-B}^{B} F(f) e^{j2\pi ft} df \\
&= \int_{-B}^{B} F_c(f) e^{j2\pi ft} df \\
&= \frac{1}{2B} \int_{-B}^{B} \sum_{n=-\infty}^{\infty} f\left(\frac{n}{2B}\right) e^{-j\frac{2\pi nf}{2B}} e^{j2\pi ft} df \\
&= \frac{1}{2B} \sum_{n=-\infty}^{\infty} f\left(\frac{n}{2B}\right) \int_{-B}^{B} e^{j2\pi f\left(t-\frac{n}{2B}\right)} df \\
&= \frac{1}{2B} \sum_{n=-\infty}^{\infty} f\left(\frac{n}{2B}\right) \frac{e^{j2\pi B\left(t-\frac{n}{2B}\right)} - e^{-j2\pi B\left(t-\frac{n}{2B}\right)}}{j2\pi\left(t-\frac{n}{2B}\right)} \\
&= \sum_{n=-\infty}^{\infty} f\left(\frac{n}{2B}\right) \frac{\sin 2\pi B\left(t-\frac{n}{2B}\right)}{2\pi B\left(t-\frac{n}{2B}\right)}
\end{aligned} \tag{7-7}$$

となる。式 (7-7) から，$f(t)$ は $T = \frac{1}{2B}$ なる等間隔の標本値によって一意的に決定されることがわかる。図 7-1 においてくり返す関数の間に間隙を設け，周期 $2B'$ ($B' > B$) によってくり返されている場合を考えても上述した内容と同じことは成り立つ。つまり，T より短い周期 $T' = \frac{1}{2B'}$ の標本値によっても一意的に決定される。

7.2 量子化

(1) 量子化の原理

標本化は信号を時間に関して離散的に切り出す処理であったが，信号をレベルに関して離散的な値に変換する処理を量子化という。そこでの隣接する離散的な

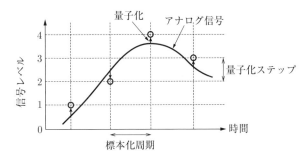

図 7-2　量子化における処理

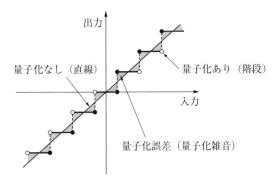

図 7-3　量子化における入力信号レベルと出力信号レベル

値の差を量子化ステップとよぶ．図 7-2 のように，アナログ信号のレベルが実数値であるとすると，それを四捨五入により整数値として近似的に表現する処理（図中の実線から白丸への矢印）も量子化と見なすことができる．量子化前の信号（入力）と量子化後の信号（出力）の関係を図示すると図 7-3 のようになる．図中において，白丸と黒丸は量子化ステップの両端を表す．入力が量子化ステップの端部にあるときには，出力は黒丸の値をとるものとする．量子化を行わない場合，入力と出力の関係は直線で表されるが，量子化を行う場合は階段状になる．網かけ部分は両者の差分を表している．

(2) 量子化雑音

　量子化では入力と出力の間に誤差が存在する．これを量子化誤差とよぶ．量子

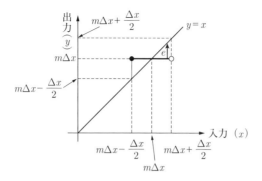

図 7-4 量子化ステップと誤差

化誤差は通信システムに雑音となって影響を及ぼすので，量子化雑音ともよばれる。雑音は正および負の値をとるので，雑音の大きさはその平均電力（2 乗平均値）によって評価される。いま，量子化ステップ幅を Δx とし出力が図 7-4 に示すように m 番目の量子化ステップ（$m\Delta x$）にあったとすると，これに対応する入力は $m\Delta x - \frac{\Delta x}{2}$ から $m\Delta x + \frac{\Delta x}{2}$ の間にあることになる。このときの量子化誤差 e の 2 乗平均値は次に示す式 (7-8) で求めることができる。

$$\begin{aligned}\langle e^2 \rangle &= \int_{-\frac{\Delta x}{2}}^{\frac{\Delta x}{2}} e^2 \cdot dp \\ &= \int_{-\frac{\Delta x}{2}}^{\frac{\Delta x}{2}} e^2 \left(\frac{de}{\Delta x}\right) \\ &= \frac{(\Delta x)^2}{12}\end{aligned} \quad (7\text{-}8)$$

ここで，$dp\left(=\frac{de}{\Delta x}\right)$ は誤差が e と $e+de$ の間にある確率である。式 (7-8) は量子化雑音の平均電力（N_q）と見なすことができる。

通信システムでは，信号の平均電力（S）と雑音の平均電力（N）の比（信号対雑音電力比 $\frac{S}{N}$）によって性能を評価することが一般的である。m 番目の量子化ステップにおける量子化雑音をもとにした信号対雑音電力比は，$N = N_q$ として，

$$\begin{aligned}\frac{S}{N} &= \frac{\int_{-\frac{\Delta x}{2}}^{\frac{\Delta x}{2}} (m\Delta x + e)^2 \cdot \frac{de}{\Delta x}}{\langle e^2 \rangle} \\ &= \frac{(m\Delta x)^2}{\langle e^2 \rangle} + 1 \\ &= 12m^2 + 1\end{aligned} \quad (7\text{-}9)$$

となる．m が大きいほど，つまり入力のアナログ信号のレベルが大きいほど信号対雑音電力比が大きくなることがわかる．

このような傾向は，入力アナログ信号のレベルが大きいところへ集中して分布している場合には問題ない．しかし，現実のアナログ信号においてはそうではない．そのため，アナログ信号のレベルが小さい場合にも，大きい場合と同様の信号対雑音電力比であることが望ましい．そこで，図 7-3 の傾きが，入力の小さいところでは大きく，逆に入力の大きいところでは小さくなるようにする手法が用いられている．図 7-3 の量子化を直線量子化とよぶのに対して，このような手法を非直線量子化とよぶ．これについては 7.5 節で述べる．

7.3　符号化

量子化したあとの信号の振幅を 2 進数で表現し，そこでの "1" をパルスあり（マーク），"0" をパルスなし（スペース）に対応づけてディジタル信号を得る操作を符号化とよぶ．1 つのマークまたはスペースに相当する部分の単位をビット（bit）とよぶ．逆に，ディジタル信号から一定周期の時間ごとに離散的な値をもつ信号を得る操作を復号化とよぶ．符号化，復号化という用語には，広義のものと狭義のものとがある．ここでの用語は狭義である．広義の符号化の中には，狭義の符号化のほかに標本化，量子化が含まれている．図 7-5 には例として 4 ビット符号化のようすを示している．5 つの信号レベルをそれぞれ 2 進数で表し，各桁の "1" および "0" をそれぞれパルスありおよびパルスなしに対応づけている．

ディジタル信号は，長い時間で眺めると時間に従って順番に処理されたり伝送されたりする．しかし，短い時間で眺めると必ずしもそうではない．一定の長さ

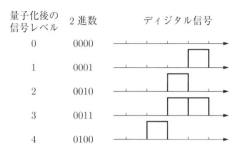

図 7-5 量子化後の信号レベルとディジタル信号

ごとにメモリに蓄積されたあと，各ビットの信号が並列に処理されたり伝送されたりする場合もある．前者をシリアル処理(伝送)とよび，後者をパラレル処理(伝送)とよぶ．パラレル処理（伝送）は，ハードウェアの性能を超えて高速性を求めるようなところで用いられる．

7.4　符号化器と復号化器

現実の通信システムでは，広義の符号化および復号化はそれぞれ異なった電子回路の中で行われる．アナログ信号をディジタル信号に変換するにはアナログ・ディジタル（A/D）変換器が，逆の変換にはディジタル・アナログ（D/A）変換器が用いられる．

(1) D/A 変換器

D/A 変換器にはいくつかの構成法があるが，ここでは，複数のコンデンサを並列に接続し，それらの間で蓄積電荷を再配分する例を示す．図 7-6 はその回路図である．2 進数で表され n ビットのディジタル入力 $b_1, b_2, \cdots, b_n$ の各ビットは，"1" および "0" に応じて，そのビットに対応したスイッチ S_i をそれぞれ ON および OFF になるよう制御する．第 i 位の桁のスイッチ S_i には静電容量 $C_i = \dfrac{C}{2^i}$ のコンデンサが接続されており（C：定数），同一電圧のもとでは静電容量に比例した電荷が蓄積される．n 桁の 2 進数の第 i 位がもつ大きさは $2^{(n-i)}$ であり，この大きさは第 i 位のコンデンサの蓄積電荷量に比例する．このことを利用して

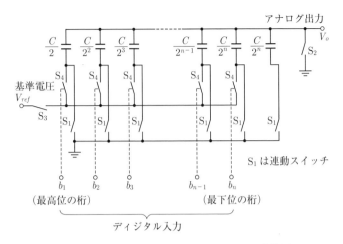

図 7-6　容量アレイによる電荷再配分型 D/A 変換器

D/A 変換を行う。

この電子回路の動作手順を表 7-1 に示す。まず，スイッチ S_1 および S_2 を ON にしてすべてのコンデンサの放電を行う。次いでスイッチ S_1 を OFF に，スイッチ S_2 と S_3 を ON にする。このとき，マーク ("1") の桁のみスイッチ S_4 が ON であるから，それに対応するコンデンサに基準電圧 V_{ref} が印加され充電が行われる。充電後にこれらのコンデンサに蓄積されている全電荷は，

$$\begin{aligned}Q &= (b_1 C_1 + b_2 C_2 + \cdots + b_n C_n) V_{ref} \\ &= \frac{C V_{ref}}{2^n}(b_1 2^{n-1} + b_2 2^{n-2} + \cdots + b_n)\end{aligned} \tag{7-10}$$

表 7-1　D/A 変換器のスイッチ状態

状態	S_1	S_2	S_3	S_4	状態の説明	機　能
放電	ON	ON	OFF	OFF	各コンデンサの残留電荷を放出。	リセット
充電	OFF	ON	ON	ON/OFF	"1" のビットに相当するコンデンサに一定電圧を印加して充電する。高位の桁ほど電荷量が大。	ディジタル信号入力
再分配	ON	OFF	OFF	OFF	並列接続されたすべてのコンデンサ間で電荷を再分布。全電荷量に比例した電圧を出力。	アナログ信号出力

となる.続いてスイッチ S_2 および S_4 を OFF,スイッチ S_1 を ON にすればコンデンサが相互に充放電して電荷の再分配が行われる.このとき $n+1$ 個のコンデンサを合成した静電容量は,

$$C_t = C_1 + C_2 + \cdots + C_n + \frac{C}{2^n} = C \tag{7-11}$$

となる.したがって出力電圧は,

$$V_o = \frac{Q}{C_t} = \frac{V_{ref}}{2^n}(b_1 2^{n-1} + b_2 2^{n-2} + \cdots + b_n) \tag{7-12}$$

となる.式 (7-12) から,右辺で示されているディジタル入力が左辺のアナログ出力 V_o に変換されていることがわかる.

(2) A/D 変換器

ここでは逐次比較形 A/D 変換器の例を示す.図 7-7 はその構成であり,D/A 変換器を用いているのが特徴である.メモリは一定ビット数のディジタル信号を蓄積する機能をもつ.動作の順序は次のようになる.

① メモリの初期値は,最高桁を "1",そのほかの桁を "0" とする.
② D/A 変換器によって,メモリのディジタル値をアナログ比較信号 V_{DA} に変換する.
③ 比較器は,アナログ入力信号 V_i が $V_i \geq V_{DA}$ であれば "1" を,$V_i < V_{DA}$ であれば "0" を V_o として出力する.
④ メモリでは,それまで V_o として出力された数(ただし,初期値を除く)を,

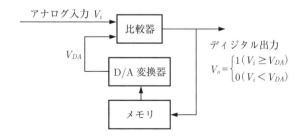

図 7-7 逐次比較形 A/D 変換器

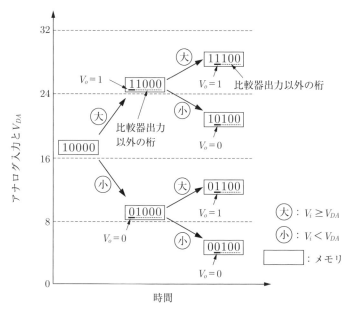

図 7-8　A/D 変換器の動作（5 桁の場合）

最高桁から下位の桁へ順次蓄積し，それに続く次の下位の桁には"1"を，残りの下位の桁にはすべて"0"を蓄積する．

⑤　②へ戻る．

以上の動作の流れを図 7-8 に示す．

7.5　非直線量子化

7.2 節で述べた量子化では，入力のアナログ信号のレベルが小さいほど信号対雑音電力比が小さくなるという問題が存在した．本節では，それを解決する手法として非直線量子化を取り上げる．

(1) 圧伸則

式 (7-9) からわかるように，量子化時の信号対雑音電力比は信号のレベルを表す m の減少とともに小さくなる．つまり，レベルの小さい信号ほど信号対雑音

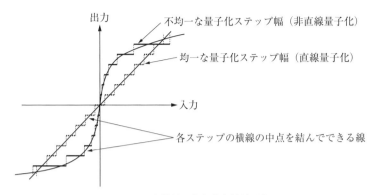

図 7-9 直線量子化と非直線量子化

電力比が小さくなる．実際のアナログ信号では，小さい瞬時信号レベルほど発生頻度が高いことが知られている．したがって入力アナログ信号の最大値を固定して考えたとき，図 7-3 のようにどの信号レベルにおいても均一な量子化ステップ幅を適用することは適当ではない．小さい信号レベルでは量子化ステップ幅を小さく（圧縮）して雑音を抑制し，大きい信号レベルでは量子化ステップ幅を大きく（伸張）して雑音を許容し，どの信号レベルにおいても等しい信号対雑音電力比となるようにすれば，信号全体の信号対雑音電力比は増大する．これには，入力と出力が図 7-9 のような関係をもつようにすればよい．このような量子化を非直線量子化とよび，その規則を圧伸則とよぶ．

図 7-9 のような曲線を信号処理で実現しようとすると複雑なものとなる．そこで，これを折線によって近似してディジタル処理を容易にする方法が用いられている．折線を用いた圧伸則の入出力関係の一例を図 7-10 および表 7-2 に示す．入出力は正および負の値をとるが，図 7-10 および表 7-2 では正の領域のみを示している．負の領域では入出力に負符号がつく．

この例では，量子化ステップの総数を 128 として，それらを 8 つのグループ（領域）に分けている．各領域内のステップ数はいずれも 16 である．ステップ幅は領域ごとに異なっており，2^{n-1}（n：領域の順番を表す正整数）になるようにしている．入力レベルが 0 の付近にあるとき，正負あわせたステップ幅が 1 となるので，正の領域においてはその半分の 0.5 となる．以上の結果，入力信号の最大レベルは 4 079.5 となっている．各領域にはそれぞれ傾斜の異なる直線を割りあ

ており，領域内ではその直線に従って直線量子化が適用される。0付近では正負の領域にわたって1本の直線が割りあてられるので，全体では15本の直線となる。

表7-2において，各領域でのステップ数（出力がとりうる離散値の個数）は同じであるが，量子化ステップ幅は2のべき乗で変化している。復号によって得られる各出力レベルには，対応する入力レベル範囲の中間値が割りあてられている。

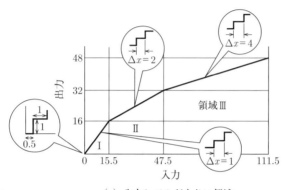

(a) 入力レベルが小さい領域

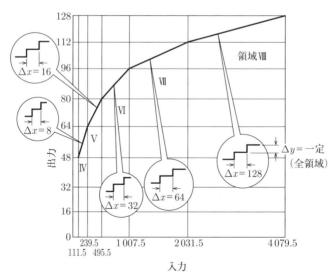

(b) 入力レベルが大きい領域

図7-10 非直線量子化における正の領域での入出力特性（円の内部は拡大図）

表 7-2　非直線量子化における符号化と復号化

折線領域	入力レベル範囲*	ステップ幅	ステップ数	折線領域表示符号	量子化符号	復号器レベル数	復号化レベル値
I	0〜0.5	0.5	1	0 0 0	0 0 0 0	0	0
	0.5〜1.5 ⋮ 14.5〜15.5	1	15	0 0 0	0 0 0 1 ⋮ 1 1 1 1	1 ⋮ 15	1 ⋮ 15
II	15.5〜17.5 ⋮ 45.5〜47.5	2	16	0 0 1	0 0 0 0 ⋮ 1 1 1 1	16 ⋮ 31	16.5 ⋮ 46.5
III	47.5〜51.5 ⋮ 107.5〜111.5	4	16	0 1 0	0 0 0 0 ⋮ 1 1 1 1	32 ⋮ 47	49.5 ⋮ 109.5
IV	111.5〜119.5 ⋮ 231.5〜239.5	8	16	0 1 1	0 0 0 0 ⋮ 1 1 1 1	48 ⋮ 63	115.5 ⋮ 235.5
V	239.5〜255.5 ⋮ 479.5〜495.5	16	16	1 0 0	0 0 0 0 ⋮ 1 1 1 1	64 ⋮ 79	247.5 ⋮ 487.5
VI	495.5〜527.5 ⋮ 975.5〜1 007.5	32	16	1 0 1	0 0 0 0 ⋮ 1 1 1 1	80 ⋮ 95	511.5 ⋮ 991.5
VII	1 007.5〜1 071.5 ⋮ 1 967.5〜2 031.5	64	16	1 1 0	0 0 0 0 ⋮ 1 1 1 1	96 ⋮ 111	1 039.5 ⋮ 1 999.5
VIII	2 031.5〜2 0159.5 ⋮ 3 951.5〜4 079.5	128	16	1 1 1	0 0 0 0 ⋮ 1 1 1 1	112 ⋮ 127	2 095.5 ⋮ 4 015.5

＊左の数値以上で右の数値未満

このようにして最終的に得られる符号8ビットは図7-11のようになる。折線領域を示す符号3ビット，量子化符号4ビットのほか，正負の極性を表す1ビット（正のとき1，負のとき0））からなる。

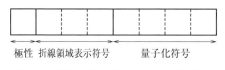

図 7-11　折線圧伸8ビットPCM符号の構成

(2) 折線を用いた圧伸則での信号対雑音電力比

上述した圧伸則を用いると直線量子化の場合に比べて信号対雑音電力比がどのように変化するかを考察してみる。入力信号は振幅 e_p の正弦波であると仮定する。圧伸則の入力最大値（4 079.5）を振幅とする正弦波を基準にしたとき，この入力信号の相対的なレベルが x〔dB〕であるとすると，

$$x = 20\log_{10}\frac{e_p}{4\,079.5}$$

より，

$$e_p = 4\,079.5 \times 10^{\frac{x}{20}} \tag{7-13}$$

である。

直線量子化の場合，入力レベル範囲 0～4 079.5 を表 7-2 に対応させて 128 ステップに等分割するので，1 ステップの幅は，

$$\Delta x = \frac{4\,079.5}{128} = 31.9$$

であるから式 (7-8) より量子化による雑音電力は，

$$N_q = 84.8 \tag{7-14}$$

となる。したがって直線量子化の場合の信号対雑音電力比は，式 (7-13) および式 (7-14) より，

$$\frac{S}{N} = 10\log_{10}\frac{\frac{e_p^2}{2}}{N_q} = 10\log_{10}\frac{4\,079.5^2 \times 10^{\frac{x}{10}}}{84.8 \times 2} \tag{7-15}$$
$$\cong x + 50 \;\;〔dB〕$$

となる。

一方，圧伸則の場合，量子化による雑音電力は各領域の信号対雑音電力比を平均化して，

$$N_q = \sum_{i=1}^{M} p_i \frac{(\Delta x_i)^2}{12} = \frac{1}{12}\sum_{i=1}^{M} p_i(\Delta x_i)^2 \tag{7-16}$$

p_i：第 i 番目の折線領域に信号レベルが存在する確率

Δx_i：第 i 番目の折線領域の量子化ステップサイズ

M：最大信号レベルの折線領域番号

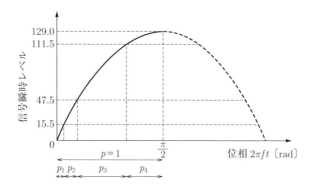

図 7-12　正弦波と折線領域の関係

と表すことができる。

　いま，例として，入力最大値（4 079.5）を基準にしたときの相対的な電力レベルが -30 dB（基準値に比べて電力が 1 000 分の 1）である正弦波を入力信号として取り上げて，量子化による雑音電力を求めてみよう。この正弦波の振幅は，式 (7-13) において $x = -30$ として，

$$e_p = 129.0 \tag{7-17}$$

となる。この正弦波の半周期分に相当する波形を図示すると図 7-12 のようになる。正弦波は，その対称性を考えると，図 7-12 のように $\frac{1}{4}$ 周期分の波形（実線部分）を見れば他の時間領域での波形を知ることができる。信号の瞬時レベルの絶対値を a としたとき，

　　$0 \leq a < 15.5$ である確率（折線領域 I にある確率）を p_1
　　$15.5 \leq a < 47.5$ である確率（折線領域 II にある確率）を p_2
　　$47.5 \leq a < 111.5$ である確率（折線領域 III にある確率）を p_3
　　$111.5 \leq a < 129.0$ である確率（折線領域 IV にある確率）を p_4

とすると，

$$p_1 = \frac{\sin^{-1} \frac{15.5}{129}}{\frac{\pi}{2}} = 0.0766$$

$$p_1 + p_2 = \frac{\sin^{-1}\frac{47.5}{129}}{\frac{\pi}{2}} = 0.240 \quad \therefore p_2 = 0.1634$$

$$p_1 + p_2 + p_3 = \frac{\sin^{-1}\frac{111.5}{129}}{\frac{\pi}{2}} = 0.6645 \quad \therefore p_3 = 0.4245$$

$$p_1 + p_2 + p_3 + p_4 = 1 \quad \therefore p_4 = 0.3355$$

となる.また,a は 129.0 を超えることはないので,折線領域 V 〜 Ⅷ にある確率はいずれも 0 である.したがって量子化による雑音電力は式 (7-16) に上の結果を代入して,

$$\begin{aligned} N_q &= (0.0766 + 0.1634 \times 2^2 + 0.4245 \times 4^2 + 0.3355 \times 8^2) \times \frac{1}{12} \\ &= 2.416 \end{aligned} \quad (7\text{-}18)$$

これより圧伸則を適用した場合の信号対雑音電力比は式 (7-17) および式 (7-18) の結果から,

$$\frac{S}{N} = 10\log_{10}\frac{\frac{e_p^2}{2}}{N_q} = 10\log_{10}\frac{129.0^2}{2.416 \times 2} \cong 35.4 \ \text{(dB)}$$

となる.このようにして得られる入力正弦波の相対電力レベルと信号対雑音電力比の関係を図示すると図 7-13 のようになる.

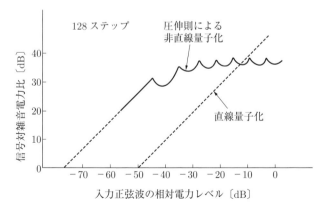

図 7-13 入力正弦波の相対電力レベルと信号対雑音電力比の関係

図 7.13 から，直線量子化では入力の相対電力レベルの低下とともに信号対雑音電力比が減少するが，圧伸則による量子化では小さな変動はあるものの $-35\,\mathrm{dB}$ 付近までほぼ一定の信号対雑音電力比が維持されていることがわかる。また，$-10\,\mathrm{dB}$ 以下では直線量子化より圧伸則による量子化の方において高い信号対雑音電力比が得られている。圧伸則で小さな変動が見られるのは，圧伸則を折れ線で表現していることによる。

7.6 高能率符号化

符号化においては，量子化雑音の影響を抑えることのほかに，符号化後のディジタル信号が占有する帯域幅を低減することも重要である。特に無線通信のように，伝送路の帯域幅が外部条件によって制約を受ける場合には，チャネルあたりの占有帯域幅は極力小さくする必要がある。そのための信号処理技術を帯域圧縮または高能率符号化とよぶ。

(1) 差分 PCM

DPCM (Differential PCM) ともよばれる符号化技術である。時間的に隣接する 2 つの標本値の差分を求め，それを新たな標本値と見なして PCM 符号化を行う方法である。一般に，「差分信号の振幅＜原信号の振幅」なる関係が成り立つので，「差分信号の符号化後のビット数＜原信号の符号化後のビット数」となる。したがって「差分信号の通信速度＜原信号の通信速度」となるため，占有帯域幅を低減することができる。

図 7-14 の図 (a) および図 (b) に差分 PCM の原理を示す。送信（符号化）側で差分処理をして符号をつくるため，その符号を受け取る受信（復号化）側では，もとの情報を復元するには蓄積と加算の処理が必要になる。これらの機能は比較的簡単な電子回路で実現することができる。

(2) デルタ変調

ΔM (DeltaModulation) ともよばれる符号化技術である。時間的に隣接する 2 つの標本値の差分を求め，その正負の極性を 1 ビットの情報として伝える方法

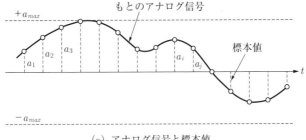

(a) アナログ信号と標本値

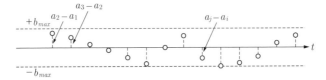

(b) 隣接した標本値の差分（差分 PCM ではこれらを PCM 化する）

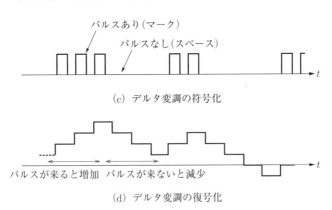

(c) デルタ変調の符号化

(d) デルタ変調の復号化

図 7-14　差分 PCM とデルタ変調

である。つまり，

連続する 2 つの標本値の差分 ≥ 0 のとき　"1" を出力

連続する 2 つの標本値の差分 < 0 のとき　"0" を出力

という規則で符号化を行う。復号化では，パルスが来れば信号レベルを一定だけ増加，来なければ減少させる。

図 7-14 の図 (a) および図 (b) をもとにしたときのデルタ変調の原理を図 (c)

および図 (d) に示す．この方法においてもすべての機能を比較的簡単な電子回路で実現できる．しかし，DPCM に比べて粗い処理であることから，誤差（雑音）は大きい．これを減らすには，短い周期で標本化を行う必要がある．

(3) 適応差分 PCM

ADPCM（Adaptive Differential PCM）ともよばれる符号化技術である．この方法では，DPCM のように標本値の差分を求めるほかに，過去の標本値の系列をもとに次の標本点における値を予測することを特徴としている．図 7-15 にADPCM の送受信部の構成を示す．予測は送信側，受信側の両方で行われ，同一の予測器が両方に設置される．予測は，直前に存在した複数の標本値をもとにして補間関数を求め，それを直後へ外挿することにより行われる．

送信側では，実際の入力（S）と予測値（S_e）とを比較して，それらの差分（d）を符号化しディジタル信号として送出する．受信側では，受信して復号化した差分値（d_q）に予測値（S_e）を加えたものを最終的な出力（S_r）とする．過去における一連の出力（S_r）をもとにして予測値（S_e）が求められる．

この方法では，予測を導入したことにより通信速度を DPCM より大幅に低減することができる．ただし，信号が急激に変化するところでは予測値と実際の値とが大きく異なるので，誤差も大きくなる．

(4) そのほかの符号化

上述した技術は，固定電話サービスや音楽の記録・再生で使用されている．

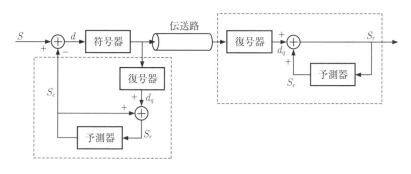

図 7-15　適応差分 PCM の送受信部

最近の携帯電話ではより高度な符号化技術が用いられており，VSELP（Vector Sum Excited Linear Prediction），PSI-CELP（Pitch Synchronous Innovation-Code Excited Linear Prediction），EVRC（Enhanced Variable Rate Codec），AMR（Advanced Multi Rate codec）などが用いられている．これらは，スペクトルの予測パラメータや音源のコードを送ったり，あるいは転送速度を可変にすることで，高能率化を図っている．

また，画像通信では動画像にMPEG（Moving Picture Experts Group）-X，静止画にJPEG（Joint Photographic Experts Group）がある．

演習問題

7-1 PCMによってアナログ信号からディジタル信号に変換するために必要な過程を3つあげ，それぞれについて説明せよ．

7-2 占有帯域幅が0～4 kHzのアナログ信号（固定電話の音声信号）をディジタル信号に変換するために必要な標本化周期 T の条件を求めよ．また，これらの各標本点を8ビットで表すとき，ディジタル信号の通信速度を求めよ．

7-3 図7-7のような構成の4ビットの逐次比較形A/D変換器に "9.7" が入力されたとき，① メモリ，② D/A変換器，③ 比較器の各部における出力の時間推移を示せ．

7-4 折線圧伸による非直線量子化について，① 直線量子化との違い，および② 信号対量子化雑音電力比が直線量子化よりも改善される理由を説明せよ．

7-5 ADPCMにおいて，通常のPCMに対して加えられている2つの機能を述べよ．

8章

ディジタル変調

　5章および6章では，変調の原理を理解するため変調信号がアナログ信号である場合について述べた．すなわち，現在，ラジオ放送などで用いられている振幅変調ならびに周波数変調について，変調波の記述や雑音特性などについて述べた．本章では，変調信号がディジタル信号である場合について述べる．これは現在の無線通信の分野で広く用いられている技術である．ディジタル変調には代表的な方式として ASK，FSK，PSK がある（4.2節参照）．変調信号および搬送波がそれぞれ同じであっても，変調方式が異なると，そこで得られる変調波は異なったものとなり，性能にも違いが見られる．3つの方式の変調波形を図8-1 に示す．変調信号がディジタルに変わっても送信機における変調のしくみは，基本的にはアナログの場合と同じである．しかし，ディジタル信号を扱うことから，性能を評価するための指標には符号誤り率が使われる．

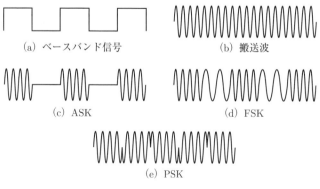

図8-1　変調と信号波形

8.1 ディジタルベースバンド信号の符号誤り率

7章で述べた標本化,量子化,符号化の過程を経て得られる信号は,通常,直流を含む低周波成分から成り立っている。このような信号をベースバンド信号とよぶ。変調をする前の段階にある変調信号もベースバンド信号である。本節では,ディジタル変調の話に入る前にディジタルベースバンド信号の符号誤り率について解説する。

図8-2は,オシロスコープで観測したディジタル信号の波形(伝送路による帯域制限を受けた受信信号波形)の例である。図(a)は信号に比べて雑音のレベルが極めて小さいときの波形,図(b)は雑音のレベルが増大したときの波形である。ディジタル信号波形ではビット"1"および"0"がそれぞれパルスの有無(マークおよびスペース)で表される。ここではそれぞれに対応する信号レベルをそれぞれ E および 0 とする(図8-3)。雑音がもとの信号に加わると,受信信号波形はパルスから崩れた形になる。図8-3(a)の破線のカーブはそれを表している。パルスの有無は通常,パルスの中央で周期的に識別される。そこでの受信信号レベルは雑音の影響を受けて一定ではない。不規則に変動するので,確率的にとらえなければならない。一方,雑音のレベルに関する確率密度関数は,3.2節で述べた内容に従うと,

$$p(x) = \frac{1}{\sqrt{2\pi N}} \exp\left(-\frac{x^2}{2N}\right) \tag{8-1}$$

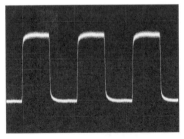
(a) 雑音レベルが極めて小さい場合

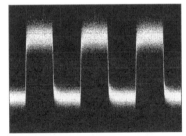
(b) 雑音レベルが大きい場合

図8-2 ディジタル信号の波形

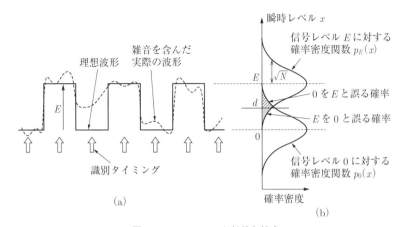

図 8-3　ベースバンド信号と雑音

と表すことができる。ただし，雑音の瞬時レベルを x, 雑音平均電力（分散）を N, 雑音レベルの平均値を 0 としている。

雑音が存在する状況下での信号レベル 0 と E に対応する瞬時レベルの確率密度関数をそれぞれ $p_0(x)$, $p_E(x)$ とすると，瞬時レベルと確率密度の関係は図 8-3(b) のようになる。ここで，雑音が常に式 (8-1) に従うものとすると，$p_0(x) = p(x)$, $p_E(x) = p(x - E)$ と表すことができ，

$$p_0(x) = \frac{1}{\sqrt{2\pi N}} \exp\left(-\frac{x^2}{2N}\right) \tag{8-2}$$

$$p_E(x) = \frac{1}{\sqrt{2\pi N}} \exp\left[-\frac{(x-E)^2}{2N}\right] \tag{8-3}$$

となる。信号が 0 か E かを判定するためのしきい値を d としたとき，図 8-3(b) における網がけの部分の上側の面積は 0 を E に，下側は E を 0 に誤る符号誤り率に相当する。0 と E の生起確率をそれぞれ q_0, q_E ($= 1 - q_0$) とすると，符号誤り率 P_e は，

$$P_e = q_0 \int_d^\infty p_0(x)dx + q_E \int_{-\infty}^d p_E(x)dx \tag{8-4}$$

と表すことができる。生起確率 q_E はマーク率とよばれる。$q_0 = q_E = \frac{1}{2}$ が成り立

つとき，しきい値 d が $\frac{E}{2}$ のときに符号誤り率は最小となり，

$$P_e = \int_{\frac{E}{2}}^{\infty} p(x)dx$$
$$= \frac{1}{2} erfc\left(\frac{E}{2\sqrt{2N}}\right) \tag{8-5}$$
$$= \frac{1}{2}\left\{1 - erf\left(\frac{E}{2\sqrt{2N}}\right)\right\}$$

となる。ただし $erf(x)$ は誤差関数，$erfc(x)$ は誤差補関数とよばれるもので，次に示す，

$$erf(x) = 1 - erfc(x) = \frac{2}{\sqrt{\pi}} \int_0^x \exp(-u^2) du \tag{8-6}$$

で与えられる。つまり誤差関数は式 (3-12) の正規分布において平均値 $m = 0$，分散 $\sigma^2 = \frac{1}{2}$ とし，$-x$ から $+x$ まで積分した値である。ここで，$x \to \infty$ のとき $erfc(x) \approx \frac{e^{-x^2}}{\sqrt{\pi}x}$ という関係があるので，雑音電力が信号電力に比べて極めて小さい $\left(\frac{E}{\sqrt{N}} \gg 1\right)$ ときには式 (8-5) は近似式，

$$P_e \approx \sqrt{\frac{2}{\pi}} \left(\frac{\sqrt{N}}{E}\right) \exp\left\{-\frac{1}{8}\left(\frac{E}{\sqrt{N}}\right)^2\right\} \tag{8-7}$$

で表すことができる。ここで信号電力をピーク値での電力と定義して，

$$S = E^2 \tag{8-8}$$

とすると，式 (8-7) の符号誤り率 P_e と信号対雑音電力比 (S/N) の関係は，

$$P_e = \frac{1}{2} erfc\left(\frac{1}{2}\sqrt{\frac{S}{2N}}\right)$$
$$\approx \sqrt{\frac{2}{\pi}} \sqrt{\frac{N}{S}} \exp\left(-\frac{1}{8}\frac{S}{N}\right) \tag{8-9}$$

となる。式 (8-9) で表される両者の関係を図 8-4 に示す（式 (8-9) の $\frac{S}{N}$ は信号

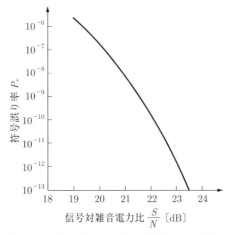

図 8-4　信号対雑音電力比と符号誤り率の関係

電力と雑音電力の単純比であるのに対して，図 8-4 の $\dfrac{S}{N}$ は単純比を換算して得られるデシベル比であることに注意すること）。

8.2　ASK

　ASK は，ディジタル変調信号によって搬送波の振幅を変化させる変調方式である。ここではディジタル変調信号がパルスの有無で表される 2 値信号である場合について述べる。このような ASK は，搬送波を ON/OFF する操作と等価なので OOK（On-Off Keying）ともよばれる。

　振幅を変化させる変調方式であることから，5 章で述べたアナログ変調信号による振幅変調で得られた結果を ASK の場合にも用いることができる。同期検波の出力を表す式 (5-35)，すなわち，

$$r_{out}(t) = \frac{A_c m_{AM}}{2} \frac{f(t)}{|f(t)|_{max}}$$

において $\dfrac{f(t)}{|f(t)|_{max}}$ は，ASK の場合は離散値 "1" と "0" をとる矩形波となる。$m_{AM} = 1$ とすれば，同期検波によって得られる ASK の出力は離散値 "$\dfrac{A_c}{2}$" と "0"

をとる矩形波となり，式 (8-7) における E は，

$$E = \frac{A_c}{2} \tag{8-10}$$

と表すことができる．

　一方，変調波に加わる雑音波形を式 (5-38) である，

$$n(t) = n_c(t)\cos 2\pi f_c t + n_s(t)\sin 2\pi f_c t$$

によって表すと，ASK の同期検波出力における雑音の平均電力は，式 (5-41) および式 (5-44) から，

$$N = \frac{N_0 W}{2} = \frac{2N_0 W}{4} = \frac{\overline{n(t)^2}}{4} = \frac{N_c}{4} \tag{8-11}$$

となる．ここで N_c は変調波に加わる雑音 $n(t)$ の平均電力である．

　以上より，ASK の同期検波での符号誤り率は，式 (8-5) において $E = \dfrac{A_c}{2}$，$N = \dfrac{N_c}{4}$ とすることにより，

$$P_e = \frac{1}{2} erfc\left(\frac{A_c}{2\sqrt{2N_c}}\right) \tag{8-12}$$

のようになる．

　包絡線検波の場合は，雑音電力が搬送波電力に比べて微弱であるとすると，式 (5-54) および式 (5-55) を導くときの考え方をここでも用いることができる．その結果，検波出力は離散値 "A_c" と "0" をとる矩形波となり，雑音電力は式 (5-40) および式 (5-41) より $\overline{n_c(t)^2} = \overline{n(t)^2} = N_c$ となる．これらをもとに $E = A_c$，$N = N_c$ を式 (8-5) に代入すると，得られる符号誤り率は同期検波の場合の式 (8-12) に一致する．

　なお，これまでの説明は振幅が 2 値の場合についてであったが，それよりも多い値をとる変調方式もある．それを多値 ASK とよぶ．多値化とともに情報伝送速度は増加するが，信号の平均電力が一定のもとでは符号誤り率特性は劣化する．

8.3 FSK

周波数変調波の検波に用いられる周波数弁別器は，6.4 節で述べたように，振幅変調波の包絡線検波器 2 個を組みあわせ，差動出力を取り出すことにより実現される。これは FSK の場合でも同じである。ディジタル変調信号に対応させて 2 つの周波数 f_1, f_2 をとる 2 値の FSK 変調波に対して設計された周波数弁別器を用いると，周波数 f_1 のときに片方の振幅変調検波器から出力が得られ，周波数 f_2 のときには他方の振幅変調検波器から出力が得られることになる。つまり，2 値の FSK 変調波を，搬送波周波数が f_1, f_2 である 2 つの ASK 変調波を合成したものと見なし，それぞれを独立に検波してそれらの差動出力を取り出すのが FSK の検波であると考えることができる（図 8-5）。

このように考えて，FSK 変調波の検波出力と ASK 変調波の検波出力を比較する。図 8-5 において，片方の出力ポート（たとえば A）が ON から OFF に変わると，それと同時に他方の出力ポート（たとえば B）は OFF から ON へ変化する。この動作を差動で取り出すので，出力信号のレベル（電圧または電流）は片方だけの場合の 2 倍になる。したがって FSK 変調波の検波出力（電圧または電流）は ASK 変調波の 2 倍である。一方，雑音については，常に不規則な変化をするので 2 つのポート間には相関はない。したがって差動によって取り出すときには，

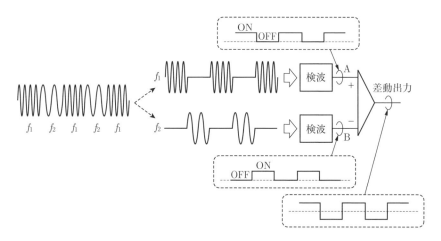

図 8-5 FSK 変調波の分解と検波モデル

雑音電力は単純加算されるので片方だけの場合に比べて電力が2倍になる。

以上のことをもとにすると，振幅 A_c の搬送波をもつ FSK の検波での符号誤り率は，ASK の場合（式 (8-10) および式 (8-11)）を参考にして，式 (8-5) において，

$$E = \frac{A_c}{2} \times 2 = A_c, \ N = \frac{N_c}{4} \times 2 = \frac{N_c}{2}$$

とすることにより，

$$P_e = \frac{1}{2} erfc\left(\frac{A_c}{2\sqrt{N_c}}\right) \tag{8-13}$$

となる。

8.4 PSK

図 8-1(e) に示した 2 値 PSK（Binary PSK：BPSK）の変調波では，振幅 A_c の正弦波信号の位相が，ディジタル変調信号の "1"/"0" に応じて 0〔rad〕/π〔rad〕のように変化する。2 値 PSK の変調には 5.3 節で述べたリング変調器が用いられる。図 5-5 のポート 1 に搬送波を，ポート 3 には両極性をもつようにした 2 値のベースバンド信号を入力することによって，ポート 2 から 2 値 PSK 変調波を得ることができる。

2 値 PSK 変調波は「① 振幅 $2A_c$ の正弦波信号を ASK 変調した変調波」と「② 振幅 A_c の正弦波で①とは位相が π だけ異なるもの」を加えたものとも表すことができきる（図 8-6）。その場合，②は変調を受けていないので変調信号の伝送

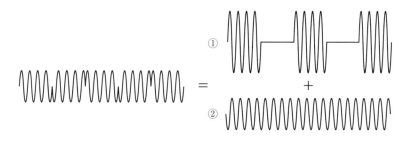

図 8-6　PSK 変調波の分解

に寄与しない。変調信号の伝送に寄与するのは①だけである。したがって，2値PSK変調波の検波は振幅が2倍であるASK変調波の検波と等価であるといえる。占有帯域幅はASKの場合と同じなので雑音の影響はASKと同じとなる。

以上より，PSKの同期検波での符号誤り率は，ASKの場合（式(8-10)および式(8-11)）を参考にして，式(8-5)において，

$$E = \frac{A_c}{2} \times 2 = A_c, \qquad N = \frac{N_c}{4}$$

とすることにより，

$$P_e = \frac{1}{2} erfc\left(\frac{A_c}{\sqrt{2N_c}}\right) \tag{8-14}$$

となる。

PSKでは変調が包絡線に変化を与えないので，包絡線検波を用いることはできない。同期検波には検波器として5.3節で述べたリング変調器を用いることができる。その場合，ポート1に受信信号（変調波），ポート2に受信機で発生する正弦波（搬送波に同期）を入力する。

図8-7には，3つのディジタル変調方式（ASK, FSK, PSK）の符号誤り率特

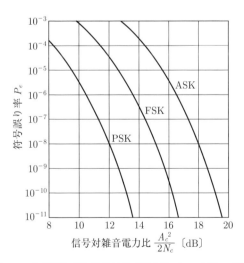

図8-7　符号誤り率と信号対雑音電力比（ディジタル変調）

性を示している。この図の信号対雑音電力比（横軸）のもとになる信号電力とは搬送波電力のことであり，式 (8-12)～(8-14) における $\frac{A_c^2}{2}$ である。一方，雑音電力は N_c である。これまでの説明からも，あるいは式 (8-12)～(8-14) を比較してもわかるように，3つの曲線は横軸方向に 3 dB ずつ離れている。同じ搬送波電力で通信を行うのであれば，符号誤り率の観点から比較すると PSK がもっとも優れていることになる。

8.5　多値 PSK と QAM

2値 PSK では，搬送波電力および雑音が同じという条件のもとで，ASK より小さい誤り率を実現できる。同期検波を用いるという前提のもとで，このことを図 8-8 のように複素数平面上に表した信号点配置図(5章参照)を使って説明する。

図 8-8 では，図 (a)，(b) および (c) のいずれにおいても搬送波の振幅は A_c としている。ASK および 2値 PSK では，変調信号のビット"1"および"0"に対応して，変調波はそれぞれ信号点 P_1，P_2 の状態をとる。ASK では信号点 P_1 は半径 A_c の円周上にあり，信号点 P_2 は原点にある。一方，2値 PSK では，2点 P_1，P_2 はいずれも半径 A_c の円周上にあり，互いに π〔rad〕の位相差がある。4値 PSK（Quarternary PSK：QPSK）では図 (c) のように，変調信号 2ビットの"11"，"10"，"01"，"00"に対応して信号点はそれぞれ P_1，P_2，P_3，P_4 となり，

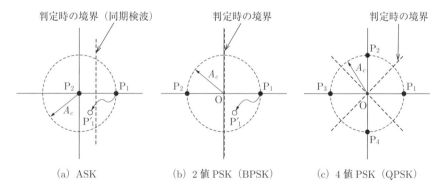

図 8-8　複素数平面上に表した ASK，PSK の信号点

これらの4点の位相は $\frac{\pi}{2}$ [rad] ずつ異なっている。

このように変調波を表すと，搬送波電力および雑音が同じという条件のもとでは，信号点間の距離が大きい変調方式ほど符号誤り率は小さくなる。その理由を説明するために，図 (a) および (b) のように信号点 P_1 が雑音の影響を受けて振幅，位相ともに変化し，他の信号点 P'_1 として受信された場合を考えてみる。ASK の場合（図 (a)）には，判定のための境界（信号点 P_1, P_2 を結ぶ線分の垂直二等分線）を P'_1 が乗り越えてしまっているので，P'_1 は P_2 と判定されてしまう。つまり符号誤りが発生する。それに対して2値 PSK の場合（図 (b)）には，同じ雑音の影響を受けても P'_1 が判定のための境界を乗り越えていないので，正しくもとのとおり P_1 と判定される。これと同様のことが4値 PSK の場合にもいえる。

以上の説明は，複素数平面上に配置された多数の信号点のうち隣接した信号点の間についてである。符号誤りが発生しやすいのはこのように信号点間の距離が小さい場合であるため，隣接した信号点を例として取り上げている。

こうして各信号点間の距離をもとに考えると，搬送波電力および雑音が同じという条件のもとでは，「2値 PSK の符号誤り率＜4値 PSK の符号誤り率＜ASK の符号誤り率」という関係が成り立つことがわかる。

一方，ASK や 2値 PSK では1つの信号点が1ビットの情報に対応しているのに対して，4値 PSK では2ビットの情報に対応している。このことは，4値 PSK は同じ占有帯域幅にもかかわらず ASK や 2値 PSK に比べて2倍の伝送容量をもっていることを意味している。したがって，4値 PSK は符号誤り率の点からだけでなく，伝送容量の点から見ても ASK に比べて優れた変調方式であることがわかる。

このようにして8値 PSK，16値 PSK，…と多値化を進め，半径 A_c の円環上に信号点を増やしていくと，伝送容量は増すものの信号点間距離が小さくなり，符号誤り率は増加してしまう。同じ搬送波電力，同じ雑音電力，さらには同じ信号点の数という条件のもとで考えると，信号点を円環上だけに限定せず，座標の中心領域にも配置してできるだけ均一な分布にした方が信号点間距離は全体的に増加する。それによって符号誤り率は小さくなる。このような考え方により，位

相だけでなく振幅も同時に多値化する変調方式として直交振幅変調（Quadrature Amplitude Modulation：QAM）がある．図8-9に16値PSKと16値QAM（16-QAM）の信号点配置を示す．両者を比較すると，変調波の最大振幅（A_c）および信号点の数は同じであるにもかかわらず，隣接信号点間の距離については後者の方が前者よりも大きくなっているのがわかる．

　信号点の数をさらに増やして情報の伝送速度を向上させる方法が実際の通信システムで用いられている．電話線（平衡ケーブル）を用いたディジタル通信用モデムの国際基準V.90の上り回線や同じくV.34では，通信速度33.6 kbit/sが実現されており，そこでは振幅および位相を変えて複素平面上の円内に1 664点が

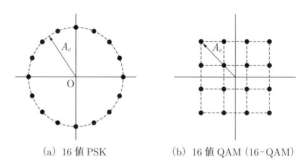

(a) 16値PSK　　　(b) 16値QAM（16-QAM）

図8-9　16値PSKと16値QAMの信号点配置

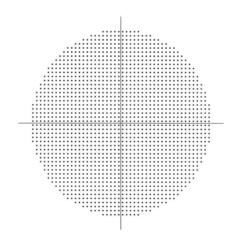

図8-10　高速モデム（V.90, V.34）における信号点配置

均一に配置されている。その信号点配置を図 8-10 に示す。

このように搬送波電力および雑音電力が一定のもとでは，信号点が増すほど符号誤り率は増加する。通信システムが許容する符号誤り率・搬送波電力および雑音電力をもとに信号点の数が決められることになる。

QAM は ASK と PSK を統合した究極のディジタル変調方式ともいえるものであり，無線 LAN（Local-Area Network）などで広く用いられている。

8.6　OFDM

通信システムにおいて伝送路の減衰特性は周波数に対して平坦であることが求められるが（3.1 節参照），現実の伝送路ではそうではない。アクセス系で使われている平衡ケーブル（9.1 節参照）では，接続点で発生する反射の影響などにより，高い周波数領域での減衰量は平坦ではない。一方，無線通信システムでは，フェージング（9.3 節参照）によって伝送路の減衰量が不安定であり周波数によって大きく変化する。これらによって生じる波形歪の影響を抑える技術として直交周波数分割多重（Orthogonal Frequency Division Multiplexing：OFDM）がある。

OFDM は 1 つの高速信号を複数の低速信号に分離し，それらを異なった周波数の搬送波で個別に変調したあと一括して伝送する技術である。高速信号のままであると信号の占有帯域幅が広いため，上述したような周波数に大きく依存した減衰特性を補償するのは難しい。しかし，低速信号では変調波の占有帯域幅が狭くその周波数範囲であれば，減衰特性は平坦なものとして近似できる。したがって，低速信号ごとに変調条件などを変えることにより比較的容易に減衰特性の補償を行うことができる。また，OFDM で使われる搬送波は相互に直交した関係（2.2 節参照）をもっている。通常の周波数分割多重（10.2 節参照）では，搬送波の周辺に存在する側波帯のスペクトルが重ならないようにするため，間隙を設けて搬送波を配置する。それに対して OFDM では，搬送波に直交性があるため側波帯スペクトルの重なりの影響がなくなり，搬送波を接近させて配置することができる。これにより周波数の利用効率を上げることができる。

図 8-11 は，もとの信号 $S_0(t)$ を複数（$2N$ 個）の低速信号 $a_0(t)$，$a_1(t)$，$\cdots$，$a_{N-1}(t)$，$b_0(t)$，$b_1(t)$，$\cdots\cdots$，$b_{N-1}(t)$ に分離する操作を表している。分離の操

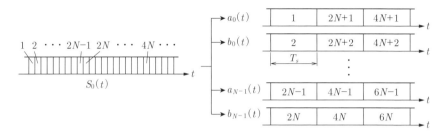

図 8-11 OFDM における信号の直並列変換

作は直並列変換である.低速信号の1タイムスロット(これをシンボル長といい T_s で表す)ごとに,そこでの信号値 a_0, a_1, $\cdots$, a_{N-1}, b_0, b_1, $\cdots$, b_{N-1} および数式,

$$g(t) = \sum_{k=0}^{N-1}(a_k \sin 2\pi k f_0 t + b_k \cos 2\pi k f_0 t) \tag{8-15}$$

の関係から $g(t)$ を求め,これを伝送信号とするのが OFDM である.ここで $f_0 = \dfrac{1}{T_S}$ である.$g(t)$ は,周波数間隔が f_0 である $2N$ 個の搬送波(直流も含む)を用いて $2N$ チャネルの低速信号を周波数分割多重(10.2 節参照)した信号と見なすことができる.式 (8-15) で表される信号はベースバンド信号であるが,通常はこれを用いて別の搬送波を再度変調し,高周波信号として伝送する.

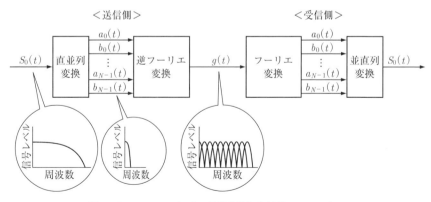

図 8-12 OFDM における信号変換と各信号のスペクトル

式 (8-15) の右辺がフーリエ級数の形をしていることからわかるように，a_i，b_i $(i = 0, 1, \cdots, N-1)$ から $g(t)$ を得るには逆フーリエ変換を用いればよい。この変換は，実際にはディジタル信号処理で行われる。図 8-12 には，OFDM の送信側および受信側で行われる信号処理をブロック図で表している。図中の逆フーリエ変換は，逆離散フーリエ変換（Inverse Discrete Fourier Transform：IDFT）によって，またフーリエ変換は離散フーリエ変換（Discrete Fourier Transform：DFT）によって行われる。

OFDM は，無線 LAN，ディジタル地上テレビジョン放送などに使われている。

演習問題

8-1 受信信号の瞬時レベルを x とするとき，$x = x_1$ または $x = x_2$ の 2 値をとるディジタル信号を受信したときの符号誤り率を表す式を求めよ。ただし $x_1 < x_2$，$x = x_1$ の生起確率を q，判定のしきい値を d，信号が存在しないときの雑音の確率密度関数を $p(x)$ とする。

8-2 信号対雑音電力比が 20 dB と 22 dB のベースバンド信号について，その符号誤り率を求めよ。

8-3 ASK において信号雑音電力比がおよそ 18 dB のときに符号誤り率が 10^{-8} になった。FSK および 2 値 PSK において符号誤り率 10^{-8} を得るために必要な信号対雑音電力比はそれぞれおよそ何 dB か。

8-4 16 値 PSK と 16 値 QAM の信号点を複素数平面上に図示せよ。また，どちらも 1 つの信号点が 4 ビットの情報に対応しているが，通常の通信システムでは後者が用いられている理由を述べよ。

8-5 64 値 PSK において 64 値 QAM と同じ符号誤り率を得るためには，64 値 QAM よりも何 dB 大きい搬送波電力が必要か。ただし，搬送波の振幅は複素数平面上の信号点配置におけるもっとも外側にある信号点と原点との距離であり，符号誤りは隣接した信号点間のみで生じるものとする。

9章

伝送媒体

9.1 金属からなる伝送線路

(1) 伝送線路の構造

　平衡ケーブルは，同一形状の2本の金属心線を撚った構造になっている。このようにしてある理由は，周辺からの電磁誘導の影響を2本の心線に対して均等にすることにより，信号受信端への影響を抑圧するためである。電気的に見て2本の心線が大地や他の機器などに対して平衡状態（バランスがとれた状態）にあるので，平衡ケーブルとよばれる。図9-1には電磁誘導を発生する機器とケーブルの関係を示している。撚ることにより，逆に平衡ケーブルから外部への電磁誘導も抑圧されることになる。

　集合してケーブル化するときの形式には，対撚りとカッド（quad）撚りとよばれているものがある（図9-2）。前者は心線を2本（1対）ごとに撚って集合したものであり，LAN ケーブルのように比較的心線数の少ない場合に用いられる。後者は心線を4本（2対）ごとに撚って集合したものであり，公衆通信用ケーブ

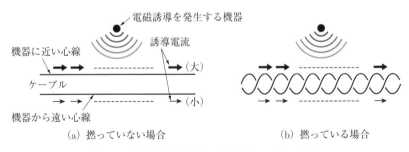

図 9-1　電磁誘導を発生する機器とケーブルの関係

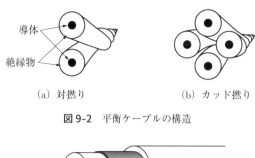

(a) 対撚り　　　(b) カッド撚り

図 9-2　平衡ケーブルの構造

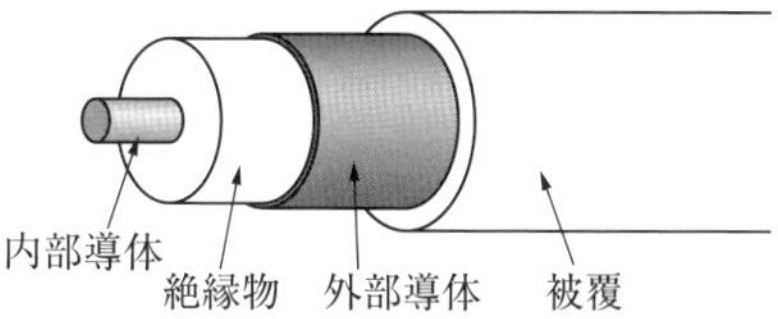

図 9-3　同軸ケーブルの構造

ルのように心線数の多い場合や双方向通信のために2対が必要な場合に用いられる。

一方,同軸ケーブルは,内部導体と外部導体が絶縁物を挟んで同心状に配置された構造になっている(図9-3)。外部導体は接地して使うことから,同軸ケーブルは電気的に不平衡形のケーブルである。内部導体は外部導体によって遮蔽されており,外部機器との間では電磁的結合がない。そのため,同軸ケーブルはCATVや機器間の接続など外部からの電磁誘導に脆弱なところに用いられる。

(2) 伝送線路のモデルと数式表現

平衡ケーブルや同軸ケーブルでは,信号の進行方向に抵抗とインダクタンス,導体間に静電容量とコンダクタンスが存在する(本章末尾のコラム参照)。このことを考慮して伝送線路を分布定数回路として表現することができる。平衡ケーブルの場合,単位長さあたりの抵抗,インダクタンス,静電容量,コンダクタンスをそれぞれ R, L, C, G とすると,伝送線路の基準点からの距離 x と $x+\Delta x$ の間に対応する等価回路は図9-4のようになる。ここで R, L, C, G の単位はそれぞれ $[\Omega/\mathrm{m}]$, $[\mathrm{H}/\mathrm{m}]$, $[\mathrm{F}/\mathrm{m}]$, $[\mathrm{S}/\mathrm{m}]$ である。

距離 x,時間 t における電圧を $v(x,t)$,電流を $i(x,t)$ とすると,基本方程式,

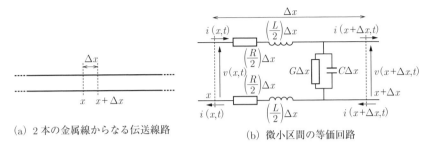

(a) 2本の金属線からなる伝送線路　　(b) 微小区間の等価回路

図 9-4　伝送線路の微小区間とその等価回路（平衡ケーブル）

$$\begin{cases} v(x,t) - v(x+\Delta x, t) = (R\Delta x)i(x,t) + (L\Delta x)\dfrac{\partial i(x,t)}{\partial t} & (9\text{-}1) \\ i(x,t) - i(x+\Delta x, t) = (G\Delta x)v(x+\Delta x, t) + (C\Delta x)\dfrac{\partial v(x+\Delta x,t)}{\partial t} & (9\text{-}2) \end{cases}$$

が成り立つ．ここで電圧 $v(x,\,t)$，電流 $i(x,\,t)$ が正弦波であると仮定してそれぞれを $V(x)e^{j2\pi ft}$，$I(x)e^{j2\pi ft}$ と複素数表示する．f は周波数，$V(x)$，$I(x)$ は複素振幅である．式 (9-1) および式 (9-2) の両辺を Δx で割って $\Delta x \to 0$ とすると，

$$\begin{cases} -\dfrac{dV(x)}{dx} = (R + j2\pi fL)I(x) & (9\text{-}3) \\ -\dfrac{dI(x)}{dx} = (G + j2\pi fC)V(x) & (9\text{-}4) \end{cases}$$

が得られる．これらの式を統合すると，

$$\begin{cases} \dfrac{d^2V(x)}{dx^2} = \gamma^2 V(x) & (9\text{-}5) \\ \dfrac{d^2I(x)}{dx^2} = \gamma^2 I(x) & (9\text{-}6) \\ \gamma = \sqrt{(R+j2\pi fL)(G+j2\pi fC)} = \alpha + j\beta & (9\text{-}7) \\ \alpha = \sqrt{\dfrac{1}{2}\left\{\sqrt{(R^2+4\pi^2f^2L^2)(G^2+4\pi^2f^2C^2)} + (RG - 4\pi^2f^2LC)\right\}} & (9\text{-}8) \\ \beta = \sqrt{\dfrac{1}{2}\left\{\sqrt{(R^2+4\pi^2f^2L^2)(G^2+4\pi^2f^2C^2)} - (RG - 4\pi^2f^2LC)\right\}} & (9\text{-}9) \end{cases}$$

となり（ただし，$\alpha > 0$, $\beta > 0$），この微分方程式の一般解は，

$$\begin{cases} V(x) = Ae^{-\gamma x} + Be^{\gamma x} & \text{(9-10)} \\ I(x) = \dfrac{1}{Z_0}(Ae^{-\gamma x} - Be^{\gamma x}) & \text{(9-11)} \\ Z_0 = \sqrt{\dfrac{R + j2\pi fL}{G + j2\pi fC}} & \text{(9-12)} \end{cases}$$

である。ここでAおよびBは境界条件(たとえば$V(0)$, $I(0)$)によって値が決まる。Z_0はインピーダンスを表している。γは伝搬定数，αは減衰定数(単位は[Np/m])，βは位相定数（単位は[rad/m]）とよばれる（本章末尾のコラム参照）。線路が無損失（$R = 0$, $G = 0$）である場合，$\alpha = 0$, $\beta = 2\pi f\sqrt{LC}$, $Z_0 = \sqrt{\dfrac{L}{C}}$ となる。

(3) 位相速度

前述した結果を用いて，距離 x，時間 t における電圧 $v(x, t)$ を求めると，式 (9-7) および式 (9-10) より，

$$\begin{aligned} v(x,t) &= V(x)e^{j2\pi ft} \\ &= (Ae^{-\gamma x} + Be^{\gamma x})e^{j2\pi ft} \\ &= Ae^{-\alpha x + j(2\pi ft - \beta x)} + Be^{\alpha x + j(2\pi ft + \beta x)} \end{aligned} \quad \text{(9-13)}$$

となる。$e^{-\gamma x}$ および $e^{\gamma x}$ は，距離 x だけ伝搬するときに生じる電圧または電流の変化を表している。第1項について見ると，振幅（$Ae^{-\alpha x}$）は x の増加とともに減少し，位相（$2\pi ft - \beta x$）も x の増加とともに減少する。このことから，第1項は x の正の方向へ伝搬する波（これを進行波とよぶことにする）を意味していることがわかる。同様にして第2項は x の負の方向へ伝搬する波（これを反射波とよぶことにする）を意味している。

いま，観測者が進行波がもつ一定の位相（波形でいえば，たとえば1つの山型の部分）に着目しているものとする。進行波なので波形は時間の経過とともに x の増加する方向に移動する。したがって，着目している位相も時間の経過とともに x の増加する方向に移動する。式 (9-13) において進行波の位相は指数部にある $2\pi ft - \beta x$ と表されるので，「一定の位相に着目する」という行為は，数学的には，

$$2\pi ft - \beta x = \theta_C \quad (一定) \tag{9-14}$$

と表すことができる。式 (9-14) の両辺を t で微分すると，この位相が移動する速度として，

$$v_p = \frac{dx}{dt} = \frac{2\pi f}{\beta} \tag{9-15}$$

が得られる。こうして得られた v_p を位相速度とよぶ。位相速度は正弦波の波形が移動する速度と考えればよい。

(4) 特性インピーダンス

式 (9-11) にある Z_0 は反射波がないとき（$B=0$ としたときに相当）の電圧と電流の比（インピーダンス）である。反射波がないということは，伝送線路が無限に長く伸び，反射を引き起こすような箇所が途中に存在しないことを意味している。したがって，Z_0 は伝送線路のみによって決まる固有のインピーダンスであり，特性インピーダンスとよばれる。

(5) 反射係数と外部インピーダンス

原点から距離が x だけ離れた地点での反射波と進行波の電圧振幅比は，式 (9-10) の第 1 項と第 2 項の比，

$$r = \frac{Be^{\gamma x}}{Ae^{-\gamma x}} \tag{9-16}$$

として表すことができ，これを反射係数とよぶ。図 9-5 のように長さ x の伝送線路の先端に外部インピーダンス Z が接続されている場合を考えると，接続点の伝送線路側では式 (9-16) を式 (9-10) および式 (9-11) に代入して，

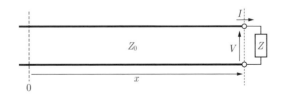

図 9-5　伝送線路とそれに接続された外部インピーダンス

$$V(x) = Ae^{-\gamma x}(1+r) \tag{9-17}$$

$$I(x) = \frac{A}{Z_0}e^{-\gamma x}(1-r) \tag{9-18}$$

となる.一方,外部インピーダンス側では,

$$\frac{V(x)}{I(x)} = Z \tag{9-19}$$

となる.これらの式は同時に成り立つことから,

$$Z = Z_0 \frac{1+r}{1-r} \tag{9-20}$$

あるいは,

$$r = \frac{Z - Z_0}{Z + Z_0} \tag{9-21}$$

が得られる.

　伝送線路の終端に機器を接続し,伝送線路を通して電気信号を送り込むとき,反射波が現れると効率よく送り込むことができない.進行波電力の一部が反射波電力として返って来るからである.したがって,反射係数 r は0であることが望ましい.反射係数 r と外部インピーダンス Z との間には式 (9-21) の対応関係があることから,伝送線路の終端に取り付けられた外部インピーダンス (Z) が特性インピーダンス (Z_0) に近いほど,終端における反射が小さくなり,$Z=Z_0$ のときには $r=0$ となって反射がなくなる.そのため,伝送線路に接続する機器の入力インピーダンスは伝送線路の特性インピーダンスに一致させることが望ましい.

　原点から距離 x だけ離れた地点で2つの端子が短絡状態 ($Z=0$) にあるとき,式 (9-21) より $r=-1$ となる.これは,進行波の電圧と反射波の電圧を比較すると,絶対値が等しく極性が逆であることを意味している.両者は相殺しあうので,この地点で合成した電圧は0になる.一方,2つの端子が開放状態 ($Z=\infty$) にあるとき,式 (9-21) より $r=1$ となる.これは,進行波の電流と反射波の電流を比較すると絶対値および極性が同じであることを意味している.両者の方向は本来逆なので,両者を合成した電流は0になる.

(6) 無歪条件

伝送線路の送信側の波形を $f_1(t)$, 受信側の波形を $f_2(t)$, 遅延時間を τ とするとき, 伝送によって信号に歪が生じない条件は, 振幅方向には比例関係が成り立ち, 時間方向には一定量の遅延が生じる状態であることから,

$$f_2(t) = Kf_1(t-\tau) \qquad K：定数 \tag{9-22}$$

と表される。ここで $f_1(t)$ をフーリエ逆変換,

$$f_1(t) = \int_{-\infty}^{\infty} F_1(f) e^{j2\pi ft} df \tag{9-23}$$

で表すと, 式 (9-22) より,

$$f_2(t) = \int_{-\infty}^{\infty} KF_1(f) e^{j2\pi f(t-\tau)} df \tag{9-24}$$

となる。一方, 伝送線路の伝搬定数が $\gamma \ (= \alpha + j\beta)$, 長さが L であるとすると, その間に生じる信号の変化 $e^{-\gamma L}$ を式 (9-23) に掛けることにより,

$$\begin{aligned} f_2(t) &= \int_{-\infty}^{\infty} F_1(f) e^{j2\pi ft} df \cdot e^{-\gamma L} \\ &= \int_{-\infty}^{\infty} F_1(f) e^{j2\pi ft} e^{-(\alpha+j\beta)L} df \end{aligned} \tag{9-25}$$

が得られる。式 (9-24) および式 (9-25) が等しいことから $e^{-\alpha L} = K$, $e^{-j\beta L} = e^{-j2\pi f\tau}$ であり, これらから,

$$\alpha = -\frac{\log_e K}{L} \tag{9-26}$$

$$\beta = \frac{2\pi f\tau}{L} \tag{9-27}$$

が得られる。これより, 信号に歪が生じない条件（無歪条件）は α が周波数に依存せず, β が周波数に比例することであるといえる。

(7) 実際の伝送線路の減衰特性

理想的な伝送線路は無損失であり, 減衰定数 α〔Np/m〕はすでに述べたように $\alpha = 0$ となる。しかし, 現実の伝送線路では図 9-4 の R, G, L, C が有限な

値をもつとともに，R が表皮効果（本章末尾のコラム参照）の影響を受け周波数とともに増加し，G も周波数依存性をもつので，α は一般的に周波数 f の関数として，

$$\alpha \approx D\sqrt{f} \tag{9-28}$$

と表される。ここで D は係数である。進行波だけを考えて x だけ離れた2地点における振幅 $|V_1|$ および $|V_2|$ の比は式 (9-10) より，

$$\begin{aligned}\frac{|V_1|}{|V_2|} &= |e^{-\gamma x}| = e^{-\alpha x} \\ &= (10^{\log_{10} e})^{-\alpha x} = 10^{-(\alpha \log_{10} e)x} = 10^{-\alpha' \frac{x}{20}}\end{aligned}$$

ただし，$\alpha' = 20\alpha \log_{10} e = 8.69\alpha$

と表すことができる。このとき $\alpha' x = -20 \log_{10} \dfrac{|V_1|}{|V_2|}$ であるから，$\alpha' x$ の単位は〔dB〕になる。したがって，長さ x の単位を〔m〕とする場合には減衰定数を α'〔dB/m〕によって表すことが一般的である。このとき，

$$\alpha' = 8.69\alpha \approx 8.69D\sqrt{f} \tag{9-29}$$

という関係が式 (9-28) より得られる。一般に，式 (9-28) や式 (9-29) の関係は「減衰定数の $\sqrt{f}$ 特性」とよばれている。

図 9-6 および図 9-7 に，平衡ケーブルと同軸ケーブルの特性例を示している。このように減衰定数が周波数に大きく依存することから，広い周波数帯で信号を

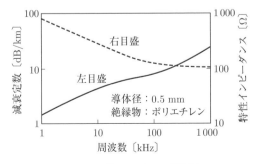

図 9-6　平衡ケーブルの特性例

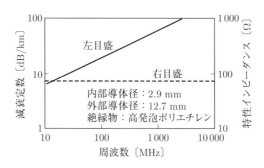

図 9-7　同軸ケーブルの特性例

歪なく送ることは難しい。また，減衰定数は周波数とともに増大するので，これらのケーブルは帯域幅の狭い伝送線路となる。

(8) ケーブル内の漏話特性

　隣接した伝送線路に信号が漏れる現象を漏話（クロストーク）とよんでいる。図 9-8 には，送信部 1 から受信部 1 に向けて伝送線路を通して信号が送出され，それらに隣接して送信部 2 と受信部 2 ならびにそれらの間の伝送線路が設置されている状況を示している。送信部 1 と受信部 1 の間にある主伝送線路（誘導伝送線路）から，送信部 2 と受信部 2 の間にある隣接伝送線路（被誘導伝送線路）へ漏話が発生するとき，その経路によって 2 通りの漏話が存在する。図 9-8 の①のように送信側に発生するものを近端漏話（near-end crosstalk：NEXT），②のように受信側に発生するものを遠端漏話（far-end crosstalk：FEXT）とよぶ。主伝送線路の送信電力を P_1，主伝送線路の受信側に発生する電力を P_2，隣接伝送線路の受信側に発生する電力を P_3，隣接伝送線路の送信側に発生する電力を

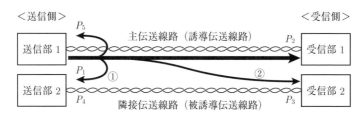

図 9-8　伝送線路における漏話

P_4, 主伝送線路の送信側に発生する電力を P_5 とする（ただし，いずれも単位は〔W〕）と，漏話も含めたすべての減衰量は次のように定義される．

$$信号減衰量 = 10\log_{10}\frac{P_1}{P_2} \text{〔dB〕} \tag{9-30}$$

$$遠端漏話減衰量 = 10\log_{10}\frac{P_1}{P_3} \text{〔dB〕} \tag{9-31}$$

$$近端漏話減衰量 = 10\log_{10}\frac{P_1}{P_4} \text{〔dB〕} \tag{9-32}$$

$$反射減衰量 = 10\log_{10}\frac{P_1}{P_5} \text{〔dB〕} \tag{9-33}$$

$$測定遠端漏話減衰量 = 10\log_{10}\frac{P_2}{P_3} \text{〔dB〕} \tag{9-34}$$

漏話や反射の問題は金属からなる伝送線路においてのみ発生するものではない．光ファイバや無線の伝送路においても発生する．各種伝送路の評価は，上述した減衰量を測定することによってなされる．

9.2　光ファイバ

通信のための実用的な光ファイバが開発されたのは1970年代であり，伝送線路としての歴史は各種伝送線路の中でもっとも新しい．しかし，損失が小さく帯域が広いことから，現在ではさまざまな通信システムに光ファイバが用いられている．ここではその概要を述べる．

(1) 光ファイバの構造と光の伝搬

通信用の光ファイバは，大半のものが材料として石英を用いて製造される．光ファイバは屈折率の大きい中心層（コア）と小さい外層（クラッド）が同心円筒状に配置されている．コアに入射した光は，コアとクラッドの屈折率で定まる臨界角（θ_c）よりも大きい角度で伝搬する場合には境界面で全反射するため，光はコア中に閉じ込められて遠方まで伝搬する．θ_c よりも小さい角度では，光の一部はコアからクラッドへ透過するので損失が大きくなり，やがてコアから消失してしまう．コアとクラッドの屈折率差が大きい（θ_c が小さい）と，角度の異な

る多数の光線がコア内を同時に伝搬すると見なせる。そのような光ファイバはマルチモード光ファイバとよばれる。これに対して屈折率差が小さい（θ_cが大きい）と，単一の光線が軸に沿ってコア内を伝搬すると近似できる。そのような光ファイバはシングルモード光ファイバとよばれる。ここでモードとは，光ファイバ内部における電磁界分布の違いを表す用語であり，光の伝搬条件はモードごとに異なる。各モードは角度の異なる光線として近似できる。

(2) マルチモード光ファイバ

マルチモード光ファイバの構造を図9-9に示す。マルチモード光ファイバには，コアの屈折率を均一にしたステップインデックス型と屈折率を半径方向に徐々に低下させたグレーデッドインデックス型がある。

ここで，マルチモード光ファイバの光学的な性質を見てみよう。有限な時間幅

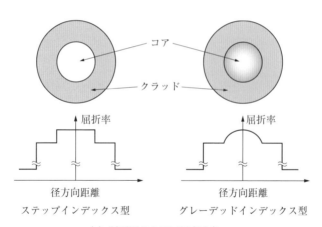

(a) 断面図および屈折率分布

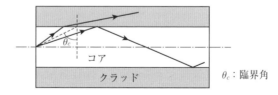

(b) ステップインデックス型光ファイバにおける光の伝搬

図 9-9　マルチモード光ファイバの構造と光の伝搬

をもった光パルスを光ファイバの入射端から入力すると光は複数のモードとして伝搬する。そこでの伝搬速度はモードごとで異なり（モード分散），出射端では複数のモードを重畳したものが出力されるため，受信された光パルスの時間幅には広がりが生じる。したがって前後の光パルスは重なって受信器に到達し，識別が困難となる。これにより，伝送品質が劣化する（図9-10）。光速は屈折率に反比例するため，コアの屈折率を半径方向に徐々に低下させたグレーデッドインデックス型の構造にすることでモード分散の影響を低減できる。

一般に，通信用のマルチモード光ファイバのクラッドは直径 125 μm であり，

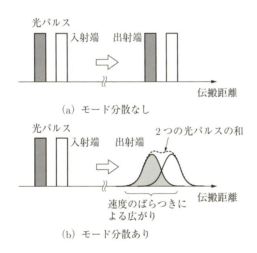

図 9-10　モード分散の影響

図 9-11　マルチモード光ファイバの断面

コア径はおよそ 50 μm である．図 9-11 は，光を伝搬させたときのマルチモード光ファイバの断面写真である．明るい中心部分がコアである．

(3) シングルモード光ファイバ

マルチモード光ファイバでは，図 9-9(b) のような幾何光学的な記述をするときには，多数の光線によって多数のモードを近似的に表すことができる．しかし，実際のモード数は，光ファイバ内の電磁界をもとにして導かれる波動方程式を解いて得られる．光の波長が一定の場合，コアとクラッドの屈折率差を小さくしコア径も小さくしていくとモード数は次第に減少し，ついには 1 つのモードのみが伝搬するようになる．目的とする波長でこのような動作をするように設計された光ファイバをシングルモード光ファイバとよぶ．シングルモード光ファイバではモード分散は存在しない．

なお，シングルモード光ファイバであっても，使用する光の波長を短くしていくと次第にモード数は増加して単一モードではなくなることに注意が必要である．単一モードを維持できる最小波長はカットオフ波長とよばれ，重要なパラメータの 1 つである．通常のシングルモード光ファイバでは，クラッドの直径はマルチモード光ファイバと同じく 125 μm であり，コア径は 8 μm 程度と極めて細い．コアとクラッドの屈折率差は 1 % 以下である．カットオフ波長は波長 1.26 μm 付近にある．図 9-12 は，光を伝搬させたときのシングルモード光ファイバの断面写真である．

シングルモード光ファイバが伝送媒体としてもつ性質のうちでもっとも重要な

図 9-12　シングルモード光ファイバの断面

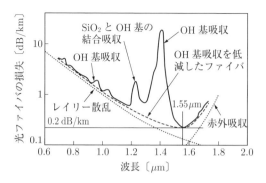

図 9-13　光ファイバの損失

指標は，損失と波長分散である．損失は信号の強度が伝送距離とともに失われる度合いを表す．損失を決める要因には，

① 吸収（石英の分子振動，添加物などによるイオン振動）
② 散乱（屈折率の微小ゆらぎ）

がある．これらの大きさはすべて波長によって異なるため，石英光ファイバの場合，図9-13のような波長依存性が損失に現れる．波長 1.55 μm 付近において損失が最小（約 0.2 dB/km）となり，そのため長距離の通信システムではこの波長帯が光信号として広く使われている．近年では OH 基（酸素と水素からなるマイナスイオン．水の中に多く存在する）による吸収の影響を低減した光ファイバが広く用いられている．

また，光ファイバ中の伝搬速度は波長依存性をもつため，信号の波長成分ごとに伝搬速度が異なる．これを波長分散とよぶ．波長分散には主に次の2つの要因がある．

① 材料分散（屈折率が波長によって異なることにより，光の伝搬速度が波長によって異なる）
② 構造分散（光ファイバのコアとクラッドにおける光の強度分布が波長によって異なることにより，光ファイバの実質的な屈折率が波長によって異なる．その結果，光の伝搬速度が波長によって異なる）

これらは出射端における光パルスの時間幅に広がりをもたらし，前後の信号波形が重なって受信点に到達してしまう．図9-10で示したモード分散に類似した

現象が，ここで述べている材料分散や構造分散においても生じるわけである。狭い時間幅の光パルスには多くの波長成分が含まれるため，高速な通信システムではこの影響が顕著となる。

材料分散は通常，波長 1.3 μm 付近で 0 になり，高速な通信システムではこの波長の光信号を用いることで影響を最小にすることができるが，損失は 1.55 μm 付近よりも大きくなる。一方，構造分散は光ファイバの構造を変えることにより調整することができる。損失が最小となる波長 1.55 μm 付近において波長分散（材料分散＋構造分散）が 0 になるように構造分散を調整して，損失のみならず分散の面でも最適化することができる。このような調整を行った光ファイバは分散シフト光ファイバとよばれる。

シングルモード光ファイバでは，コアの断面形状が製造過程で真円からずれると，光の伝搬速度が偏波によって異なるようになる。これが原因で生じる分散（偏波分散）も存在する。

(4) 光ファイバの帯域

高速のディジタル信号は広い周波数スペクトルをもっているので，これを伝送するには伝送線路に広い帯域が求められる。帯域を決める要因は，平衡ケーブルや同軸ケーブルでは減衰定数（損失）の周波数依存性であるが，光ファイバではそうではない。光ファイバの帯域を決める要因として，モード分散，波長分散および偏波分散があげられる。

光ファイバの帯域幅（正弦波変調信号の振幅が，直流付近である場合の $\frac{1}{\sqrt{2}}$ 倍となる変調周波数で表すことが多い）は，光ファイバのタイプによって異なる。マルチモード光ファイバでは 1 km の長さで数 10 MHz～数 GHz である。シングルモード光ファイバでは，適切な設計をすることにより帯域幅は 1 km の長さで 100 GHz 以上が実現可能である。

9.3 電波伝搬

電波を媒体とした無線通信には，通信ケーブルを媒体とした有線通信とは異な

り，媒体に関して空間的な制約が少ないという特徴がある。逆に，電波は開放された空間に広がるためそこでの影響を受けやすく，不安定な媒体である。また機密性や妨害・干渉の問題を有している。ここでは，電波が空間を伝搬する際の基本事項について述べる。

(1) 周波数の割りあて

電波も光も電磁波であるが，電波の定義は国際標準化機関である国際電気通信連合（International Telecommunication Union：ITU）により周波数3 THz以下の電磁波とされている。電波は遠方にまで伝搬し妨害や干渉を起こすので，これを防ぐため，通信に関して法律上の規制を受けている。通信システムごとに割りあてられている周波数帯を図9-14に示す。この中で2.4 GHz帯は電子レンジでも使われている周波数帯であり，ISM（Industrial, Scientific, and Medical）Bandとよばれ規制の対象からは除外されている。

電波資源に対する需要や広帯域通信への需要の増加とともに，通信に使われる電波の周波数帯は高い領域へと拡大してきている。電波は，周波数が高くなるに従って回折の効果が小さく直進性が増し，大気中を伝搬する際に気象の影響を受けやすくなる。

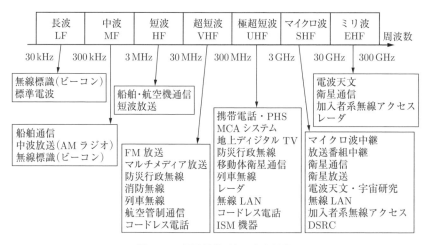

図9-14 周波数帯ごとの主な用途

(2) 信号の伝送

送信機からの電気信号は送信側のアンテナによって電波として空間に送出される。電波は，空間を伝搬したあと，受信側でアンテナによって再度電気信号に変換される。したがって，送信側の信号電力が P_t であるときの受信側の信号電力 P_r は，送信側アンテナと受信側アンテナの特性および空間を伝搬する電波の振る舞いによって決まることになる。

上述した2つの電力 P_t および P_r の関係について考えてみよう。送信側の信号電力 P_t が全方位へ均一に放射されるときの距離 d の地点における単位面積あたりの電力を P_o とすれば，P_o は P_t を半径 d の球の表面積で割ることで得られ，$P_o = \dfrac{P_t}{4\pi d^2}$ となる。同じ信号電力 P_t をアンテナで放射したときのある方向で測定した単位面積あたりの電力を P_a とするとき，$G_a = \dfrac{P_a}{P_o}$ はその方向でのアンテナの利得（絶対利得）とよばれる。特定の方向に電力を集中して放射するように設計されているアンテナは指向性アンテナとよばれ，その方向では $G_a > 1$ となる。これに対して，信号電力が全方位へ均一に放射されるアンテナは，無指向性アンテナとよばれる。

図9-15には指向性アンテナおよび無指向性アンテナの放射特性例を示す。アンテナの位置（点O）を囲む2つの曲線が放射特性である。線分OAの長さは，指向性アンテナからベクトル $\overrightarrow{OA}$ の方向に放射されたある距離における単位面積あたりの電力を表している。同様に，線分OBの長さは無指向性アンテナの場合を表している。なお，アンテナの利得をデシベル表示する場合には単位〔dBi〕が使われる。"i" は isotropic の頭文字である。

いま単位面積あたりの電力が P_a である波長 λ の電波を無指向性アンテナで受

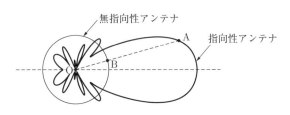

図9-15　アンテナの一般的な放射特性

信すると，受信電力は波長に依存した $\frac{\lambda^2}{4\pi}P_a$ となることが知られており，これを利得 G_r の指向性アンテナに換えて受信すれば G_r 倍の受信電力が得られる。そこで，送信用および受信用の指向性アンテナが距離 d だけ隔てて置かれ，それぞれのアンテナの利得を G_t，G_r とすれば関係式，

$$P_r = \left(\frac{\lambda}{4\pi d}\right)^2 G_t G_r P_t \tag{9-35}$$

が得られる。これはフリスの伝達公式として広く知られている。

アンテナの指向性は，アンテナが組み込まれるシステムによって使い分けられている。長距離通信では利得の高いパラボラアンテナやホーンリフレクタアンテナが使われており，移動体通信では移動を考慮して，無指向性と簡便性に優れたモノポールアンテナやダイポールアンテナが使われている。

(3) フェージング

一般的に複数の波動が合成されると相互に干渉を引き起こす。同位相で干渉しあうと相互に強めあい，逆位相だと弱めあう。電波においてもこの現象が存在し，干渉によって信号レベルが低下することをフェージングとよぶ。無線通信システムにおいて送信アンテナから放射された電波には，受信アンテナへ直接伝搬する直接波と，人工物や自然物で一旦反射して受信アンテナへ届く反射波とがあり，これらによってフェージングが発生する。反射波の強度や位相は，受信地点の位置のほかに反射物体の状況（移動など）によっても変化する。したがって，フェージングの結果，受信信号レベルは位置と時間の変化とともに変動することになる。

図 9-16 には，直接波のほかに単一の反射波が存在し，両者が同じ振幅をもっている場合の例を示す。この図では受信信号レベル（直接波のみの場合で規格化した相対受信信号レベル）が示されている。受信地点が移動（距離 d が変化）すると直接波と反射波の干渉で生じるフェージングによって受信信号レベルが大きく変動することがわかる。

フェージングによる通信品質の劣化を防ぐためにはダイバーシティ技術が用いられる。この技術では，隔てた位置に複数のアンテナを用意して，受信信号レベ

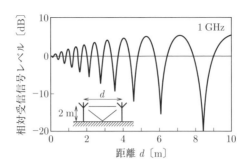

図 9-16　フェージングと受信信号レベル

ルの高いアンテナに受信機を切り換えるなどして，通信品質を可能な限り高く維持するものである．送信アンテナを複数用意する方法もある．

電波の減衰にはフェージングのほかに，雨や雪による吸収や散乱，壁など人工物による吸収や散乱がある．

9.4　電力の表示

通信システムでは伝送路を挟んだ2つの位置での電力の比を扱うことが多く，その場合，すでに式 (9-30)～(9-34) で示したように対数表示することが多い．つまり，電力 P 〔W〕および P_0 〔W〕に対して，

$$10\log_{10}\frac{P}{P_0}$$

とする表示であり，単位が〔dB〕であることからデシベル比とよばれる．この表示が使われる理由は，複数の伝送系が縦続接続されていて個別の伝送系の電力比から伝送系全体の電力比を求めるとき，乗算ではなく加算で容易に算出することができるからである．単純比 $\frac{P}{P_0}$ = 10, 2, 1, 0.5, 0.1 はデシベル比で表すとそれぞれ 10, 3 (正確には 3.010), 0, -3 (正確には -3.010), -10 dB となることを憶えておくと便利である．

デシベル比は電力の比（相対値）だけでなく絶対値を表示する場合にも使われている．たとえば，基準となる電力を $P_0 = 10^{-3}$ W = 1〔mW〕としたとき，

$10 \log_{10} \dfrac{P}{P_0}$ によって電力を表し，単位には〔dBm〕が使われる。つまり電力 P〔mW〕は，

$$10 \log_{10} \dfrac{P}{1} = 10 \log_{10} P \quad \text{〔dBm〕}$$

と表示される。単位〔dBm〕は「デービーエム」と読む。単位の中にある "m" は「1 mW」の中にある "m" を意味している。具体的な数値例を示すと，$P = 10$，2，1，0.5，0.1〔mW〕はそれぞれ 10，3，0，−3，−10〔dBm〕となる。この表示を使えば，電力比のデシベル表示と併用することにより，伝送系の各位置における電力を加減算によって容易に算出することができる。〔dBm〕と〔dB〕とで単位は異なってはいるが，電力を求める計算においては次のようにこれらを混在させて計算できる。

$$P\text{〔dBm〕} - a\text{〔dB〕} = P - a \text{〔dBm〕}$$

たとえば，「2.5 dBm より 4.2 dB 低い電力は？」という質問に対しては，2 つの数値の間で引き算をすることにより「−1.7 dBm」と答えることができる（同じような質問で「5.3 mW の 0.28 倍の電力は？」という質問に対しては 5.3 と 0.28 の掛け算をして答えを求めなければならず，計算が複雑になる）。

図 9-17 には送信電力 $P_t = 20$〔dBm〕，伝送線路の減衰定数（損失）$\alpha = 0.5$〔dB/km〕，伝送線路の長さ $L = 60$〔km〕，伝送線路の途中にある接続部の損失 1 dB の場合について，通信システムの各位置における電力を表している。図 (a) は単位を〔dBm〕としたときの信号レベル変化であり，図 (b) は単位を〔mW〕と

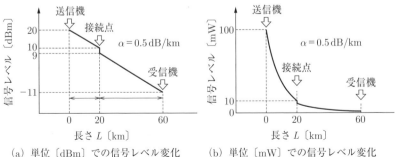

(a) 単位〔dBm〕での信号レベル変化   (b) 単位〔mW〕での信号レベル変化

図 9-17 通信システムにおける信号レベル

したときの変化である。図 (a) からわかるように，P_t，α が決まれば伝送線路長の 1 次関数として受信電力 P_r を容易に求めることができる。このような図を通信システムのレベルダイヤグラムとよぶ。図 (b) は，図 (a) と同じ信号レベルの変化を表しているにもかかわらず，図 (a) に比べて変化の傾向を読み取りにくい。

なお，参考までに，9-1 節の (8) では 5 つの電力 P_1, P_2, P_3, P_4, P_5 を単位〔W〕を用いて表していたが，これらがもし単位〔dBm〕で表されており，そのときの値がそれぞれ P_1', P_2', P_3', P_4', P_5' であるとすると，たとえば式 (9-30) は，

$$信号減衰量 = P_1' - P_2' \text{〔dB〕}$$

のように減算の数式で表される。

コラム

受動部品における電圧と電流の関係

電圧と電流はそれぞれ時間 t の関数 $v(t)$ と $i(t)$ とする。単位はそれぞれ〔V〕（ボルト），〔A〕（アンペア）である。

(1) 抵抗の場合（図 9-C1）

$$\frac{v(t)}{i(t)} = R, \quad \frac{i(t)}{v(t)} = G$$

R：抵抗（レジスタンス）＜単位〔Ω〕（オーム）＞
G：コンダクタンス＜単位〔S〕（シーメンス）＞

図 9-C1

(2) コイルの場合（図 9-C2）

$$v(t) = L \cdot \frac{di(t)}{dt}$$

L：インダクタンス＜単位〔H〕（ヘンリー）＞

図 9-C2

(3) コンデンサの場合（図 9-C3）

$$i(t) = C \cdot \frac{dv(t)}{dt}$$

C：キャパシタンス＜単位〔F〕（ファラド）＞

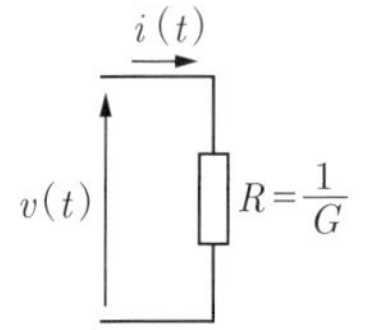

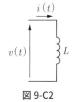

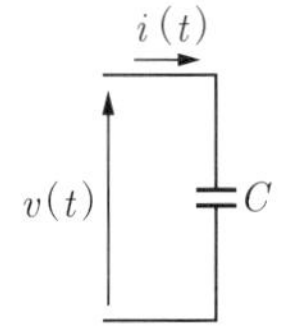

図 9-C3

電圧(電流)の比を表す方法

(1) 単純比
$$k = \frac{v_1}{v_2} \quad \text{<単位なし>}$$

(2) デシベル比
$$k_{dB} = 20\log_{10}\frac{v_1}{v_2} \quad \text{<単位〔dB〕(デシベル,デービー)>}$$

(3) ネーパ比
$$k_{Np} = \log_e \frac{v_1}{v_2} = \ln\frac{v_1}{v_2} \quad \text{<単位〔Np〕(ネーパ)>}$$

上記の式では電圧を用いて表しているが,電流を用いることも可能である。

表皮効果

電流が導体の表面に集中して伝搬する現象であり,その領域の実効的な厚さ(これを表皮の深さという)は $\delta = \sqrt{\dfrac{1}{\sigma\mu\pi f}}$ で表されることが知られている。ここで σ は導体の導電率, μ は透磁率である。周波数の増加とともに δ が減少し,それによって抵抗 R が増す。

演習問題

9-1 平衡ケーブルが,被覆をした複数の導体を撚った構造になっている理由を述べよ。

9-2 伝送線路における減衰定数の $\sqrt{f}$ 特性について説明せよ。

9-3 シングルモード光ファイバを用いた通信システムでは波長 $1.3\,\mu m$ 付近と $1.55\,\mu m$ 付近が多用されている。その理由を述べよ。

9-4 送受信アンテナ間の距離が2倍になったとき,もとの受信電力を得るためには受信用アンテナの利得を何倍にする必要があるか。

9-5 フェージングとはどのような現象か説明せよ。

10章

多重化

　対向した送信部と受信部の間に複数の通信チャネルがあるとき，それらを束ねて一体のシステムとして扱う技術を多重化（multiplexing）という。多重化の種類には，時分割多重（Time Division Multiplexing：TDM），周波数分割多重（Frequency Division Multiplexing：FDM），波長分割多重（Wavelength Division Multiplexing：WDM），空間分割多重（Space Division Multiplexing：SDM），符号分割多重（Code Division Multiplexing：CDM）などがある。多重化された信号を受信部において，もとの複数通信チャネルに分ける技術を分離（demultiplexing）という。本章では代表的な多重化の技術について，それらの概念としくみを述べる。

10.1 時分割多重

(1) 多重化とハイアラーキ

　時分割多重（TDM）とは複数の通信チャネルを流れる低速ディジタル信号を，それぞれ一定周期で時間軸方向に圧縮し配置替えをして，1つの高速ディジタル信号に集約する技術である。複数の低速ディジタル信号が多重化され，高速ディジタル信号として伝送された後，もとの低速ディジタル信号に分離されるまでの過程を図10-1に示す。この図では伝送速度 a〔bit/s〕の信号が多重化されて高速の b〔bit/s〕の信号となり，この信号がさらに多重化されてより高速の c〔bit/s〕の信号となっている。

　このように実際の多重化は，多重化した信号をさらに多重化するという手法で階層的に行われる。このときのディジタル伝送速度の階層構造をディジタルハ

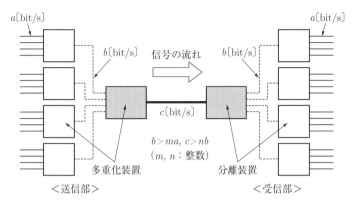

図 10-1　多重化・分離の一般的な概念（$m = n = 4$）

イアラーキ（digital hierarchy）とよぶ．世界で使用されている通信機器間の相互接続性を考えると，ディジタルハイアラーキは自由に決めてよいものではなく，国際標準が定められている．現在用いられているディジタルハイアラーキを表10-1に示す．これらのうち，低速のものは国や地域によって相違があるが，156 Mbit/s以上のものは，SDH（Synchronous Digital Hierarchy）とよばれて世界的に一元化されている．しかも，SDHではネットワーク内での信号の同期（ディジタル信号のくり返し周波数や位相が一致していること）が極めて安定している．

表10-1　通信ネットワークにおけるディジタルハイアラーキ

伝送速度	呼　称
40 Gbit/s	STM-256
10 Gbit/s	STM-64
2.4 Gbit/s	STM-16
622 Mbit/s	STM-4
156 Mbits	STM-1
2 Mbit/s（ヨーロッパ）	
1.5 Mbit/s（日本，アメリカ）	
64 kbit/s	

＊ STM：Synchronous Transfer Module

(2) フレーム構成

時分割多重では，複数チャネルに対してそれぞれ一定時間長のスロットを割りあて，それらを時間的に圧縮し，1つの時間軸上に順番に配置して新たなパルス列を構成する。このパルス列をフレーム（frame）とよぶ。図10-2は，音声信号（帯域幅4 kHz）を標本化周波数8 kHzで標本化した後，その標本点を8ビットに符号化して64 kbit/sのディジタル信号を発生し，それを24チャネル分揃えて1.5 Mbit/sの高速ディジタル信号に多重化するときのフレームを示している。フレームの長さは125 μs（音声信号の標本点の間隔）であり，これはディジタルハイアラーキのどの伝送速度においても同一である。

フレームの先頭に設けられる識別用のビットをフレーム同期信号とよぶ。フレーム同期信号はフレームの始まりを示し，フレーム中に配置されている各チャネルの位置を識別するうえで重要な役割をもっている。このビット数は任意に選ぶことができるが，実際の通信システムでは通信規約によってさまざまに規定されている。フレームの中で情報が占める割合を大きくし，それによって伝送効率も大きくするためには，フレーム同期信号のビット数は少ない方がよい。しかし，少なくするとフレーム中の他の位置にフレーム同期信号と同じパターンの現れる

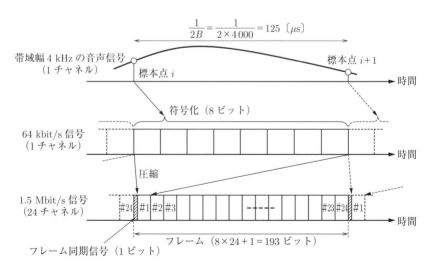

図 10-2　音声チャネルの多重化。符号化，圧縮はチャネル #1 についてのみ示している

確率が大きくなるので,同期の確立に時間を要することになる。

(3) SDH

図 10-3 は SDH での多重化の基本的な原理を示す。図 10-3 では,4 チャネルの低速信号が 1 チャネルの高速信号に多重化される例を示している。低速信号のフレーム(時間長さ T)は,一般的には同期がとれておらず,図 10-3 のようにチャネルごとに異なったタイミングで多重化装置に到着する。多重化装置では,それぞれのチャネルにおけるフレームの信号部分を高速信号に変換し,それらを時間軸上で順番に配置する。これにオーバヘッド部(本項で後述)を付加して高速信号でのフレーム(長さ T)をつくる。

SDH として標準化されている高速のディジタルハイアラーキでは,低速信号に対して従来から用いられていた多重化技術に,次のような新しい工夫を盛り込むことによって信頼性の高い高速な通信を可能にしている。

① 多重化が多段にくり返されることから,多重化の過程をわかりやすく表現する手法が用いられている(フレームの 2 次元表現)。

② 2 次元表現されたフレームの中で,ディジタル信号を領域別にユニット化して取り扱う(バーチャルコンテナの概念)。

③ 多重化される信号のフレーム間のタイミング差に自由度を与えるため,タ

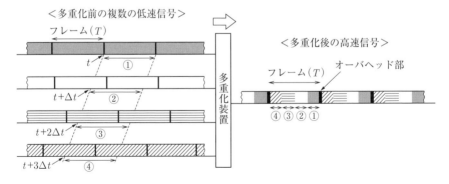

図 10-3　多重化の基本的な原理。実際の SDH では信号の配置がこれよりも複雑になっており,1 チャネルの低速信号フレームは高速信号フレーム内で複数のブロックに分散して配置される

イミング変化に柔軟に対応できるための工夫がなされている（ポインタの利用）。
④ ネットワークの保守運用情報を伝送するための時間を，フレーム内に十分確保している（オーバヘッドのための時間の確保）。
⑤ 万が一多重化される信号間の同期が崩れた場合でも，情報の欠落を防ぐための工夫がなされている（スタッフ処理）。

SDH でのディジタルハイアラーキは STM (Synchronous Transport Module) -N と表され，N が大きいほど伝送速度は大きくなる。図 10-4 は，もっとも基本的な STM-1 のフレーム構成を示したものである。図 (a) は，2 次元表現によって示したものである。STM-1 の伝送速度は約 156 Mbit/s である。ペイロード (payload) は情報を運ぶ領域であり，多重化される低速信号を時間的に圧縮したものがここに配列されて入る。荷物を運搬するトラックにたとえれば荷台に相当する。オーバヘッド (overhead) には，フレーム内のチャネルを保守，運用するための情報（具体的には，符号誤り率の監視，打合せチャネル，パスの経路情報など）が埋め込まれている。トラックにたとえれば運転手席に相当する。図 (b) は上記の 2 次元で表された STM-1 のフレームを，実際の信号の形にあわせ

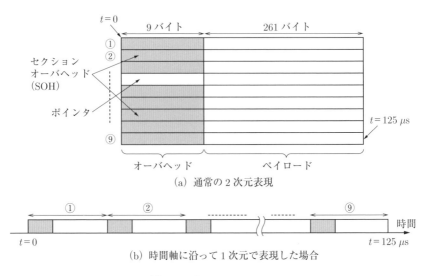

図 10-4 STM-1 のフレーム

て1次元の時間軸上で表したものである。オーバヘッド部分とペイロード部分が交互に配置されたようになる。

図10-5には，このSTM-1のフレームが，多重化によって複数の低速信号を積み上げてできあがるようすを示している。音声24チャネルの信号（1フレーム内24バイト）にパスを管理するためのPOH（Path OverHead, 1フレーム内2バイト）を加えたものをVC（Virtual Container）-11とよぶ。ここでパス（path）とは区間が同じ複数のチャネルを束にして一括して管理運用できるようにしたものである。局間の経路選択をチャネル単位で行うと処理量が膨大になるので，このパスを単位として行う。ここでは音声24チャネルの信号が1つのパスを形成している。多重化によって得られる各種速度の信号は，それぞれこのようなパスとして扱われることになる。パスに対するオーバヘッドがPOHである。

このVC-11にさらにポインタ（1フレーム内1バイト）を付加したものはTU（Tributary Unit）-11とよばれる領域に収納される。この領域はSTM-1フレームの中で9行3列を占めている。ポインタはTU-11の中の固定した位置にあり，この領域内におけるVCの開始点を指定する。

次に28個のTU-11をそれぞれ1列ごとに分離し，同じ順番の列同士を28個ずつ隣接させ（このような配置をインターリーブ形式という），これにPOH（1フレーム内1列）を加えたものをVC-3とよぶ。さらに3バイトのポインタと情報を含まない2列を付加したものはAU（Administrative Unit）-3とよぶ。ポインタの3バイトのうち2バイト（H1, H2）は信号の先頭を表示するものであり，1バイト（H3）はスタッフ処理をするためのものである。

最後にAU-3を3個集め，これにSOH（Section OverHead）を付加したものがSTM-1のフレームとなる。SOHには，フレーム同期信号，セクション（STM-1フレーム相当の信号）送信点の識別番号，中継器間伝送路の誤り監視信号，音声打合せ回線チャネル，保守用データ伝送チャネルなどが設けられている。

図10-6には信号の同期がとれていないときに行うスタッフ処理の基本的な原理を示している。図(a)は何らかの理由で特定のチャネルの信号速度が変動して高くなった場合のようすを示している。高速チャネルからは他チャネルに比べて多くのバイトが一定時間に多重化装置へ入ってくる。そのときに生じる余剰のバイトは，オーバヘッド部にあるポインタ内のスタッフバイトを用いて送られる。

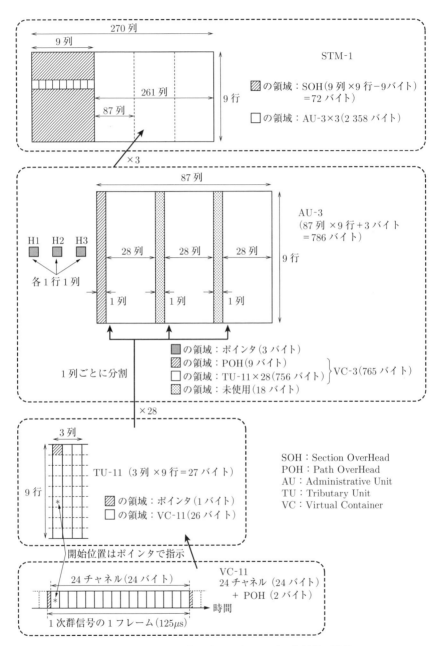

図 10-5 1フレーム時間（125 μs）における各信号の関係

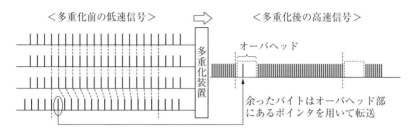

(a) 特定のチャネルが高い信号速度へ変動した場合

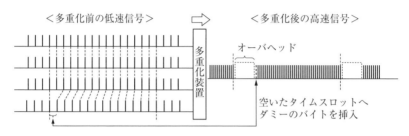

(b) 特定のチャネルが低い信号速度へ変動した場合

図 10-6　信号の同期がとれていないときのスタッフ処理

図 (b) は，逆に特定のチャネルが低い信号速度へ変動した場合のようすを示している。低速チャネルからは他チャネルに比べて少ないバイトが一定時間に多重化装置へ入ってくる。そのときの不足するバイトには，ダミーの空きバイトを割りあてることにより調整を行う。

10.2　周波数分割多重

(1) 多重化と変調

　周波数分割多重（FDM）とは，異なった周波数をもつ複数の搬送波を個別に低速ディジタル信号によって変調し，それらを合成して単一の高速ディジタル信号にする技術である。搬送波の周波数を f_{i0}（$i=1$, 2, 3, …）とすると，周波数分割多重によって得られる高速ディジタル信号の周波数スペクトルは図 10-7 のようになる。変調を行うことにより搬送波の周辺には側波帯が現れるが，それらが相互に重ならないように搬送波の周波数間隔 $\Delta f = f_{i0} - f_{(i-1)0}$ は決められる。

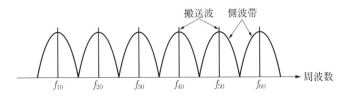

図10-7 高速ディジタル信号の周波数スペクトル

多重化後の高速ディジタル信号は一般に，

$$E(t) = \sum_{i=1}^{N} A_i(t)\sin\left\{\int_0^t 2\pi f_i(\tau)d\tau + \theta_i(t)\right\} \tag{10-1}$$

と表すことができる。ここでNは多重化された低速ディジタル信号の数（多重数），tは時間，$A_i(t)$, $f_i(t)$, $\theta_i(t)$ はそれぞれ第i番目の低速ディジタル信号に対応した振幅，周波数，位相である。$A_i(t)$, $f_i(t)$, $\theta_i(t)$ のうち $A_i(t)$ のみが時間の関数であるときは振幅変調であり，$f_i(t)$ のみのときは周波数変調，$\theta_i(t)$ のときは位相変調である。$f_i(t)$ は，振幅変調および位相変調のときには定数 f_0 である。周波数変調のときには f_{i0} を中心にして時間とともに変化する関数である。

実際の多重化および分離の過程においては，他の変調波の周波数スペクトルが重なることによる信号間干渉を抑えるため，遮断特性の良好なフィルタを使用しなければならない。

(2) 周波数分割多重で用いられるいろいろな方式
① インターリーブ方式

無線通信システムでは，空間という1つの共通伝送媒体を使用している。そのため，接近して配置された無線通信システム間では信号の干渉の問題が生じる。多重化を利用している複数の無線通信システムが接近して配置されている場合，この干渉の影響を低減する技術としてインターリーブ方式がある。この方式では，接近して配置された無線通信システムがもつ周波数配置を一致させるのではなく，図10-8のように相対的にずらす方法をとる。干渉を受ける信号（主信号）の中心周波数領域（電力密度が大きい領域）には，干渉を与える信号（干渉信号）の周辺周波数領域（電力密度が小さい領域）が重なる。そのため，周波数配置を

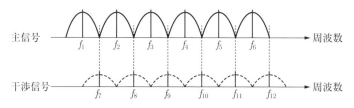

図 10-8　周波数分割多重におけるインターリーブ

一致させた場合に比べて干渉の度合いが小さくなる。

② OFDM

　周波数分割多重において，複数の搬送波を相互に直交した正弦波とする方法をOFDM（Orthogonal Frequency Division Multiplexing）とよぶ。通常のFDMでは隣接する信号の側波帯が重ならないようにある程度余裕を設けて周波数配置を行うが，OFDMでは信号の直交性を利用しているためその必要がなく占有帯域幅を狭くできる。OFDMは，多数の信号を並列に伝送する通常の多重化技術としてよりも，伝送路による波形歪を抑えるため，1つの信号を複数の低速信号に分離し，それらを周波数分割多重によって一括して伝送する技術として使われる（8.6節参照）。

10.3　波長分割多重

　光ファイバ通信においては，チャネルごとに異なった波長を割りあてそれらを1本の光ファイバに通して伝送する技術が使われる。これを波長分割多重(WDM)とよぶ。波長に応じて光の周波数が異なるので，波長分割多重は周波数分割多重の一種であるともいえる。しかし前者は光信号に対して，後者は電気信号に対して用いられる用語である。

　光ファイバ通信で用いられる波長は，9.2節で述べたように，光ファイバの損失が小さくなる波長領域（石英光ファイバでは$1.3\,\mu m$周辺および$1.5 \sim 1.6\,\mu m$付近）にある。特に$1.5 \sim 1.6\,\mu m$付近の波長においては，損失が$0.2\,\mathrm{dB/km}$以下と極めて低く長距離伝送に適していることから，波長分割多重を導入すれば光ファイバ数の減少によって大幅なコスト低減が期待できる。そのため，この波長領域

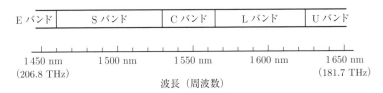

図 10-9 光ファイバ低損失波長領域とそこでの呼称

において波長分割多重が積極的に用いられている．この波長領域は図 10-9 に示すように細分化され，中心部の波長領域を C (conventional) バンド，それより短波長領域を S (short-wavelength) バンドおよび E (extended) バンド，長波長領域を L (long-wavelength) バンドおよび U (ultralong-wavelength) バンドとよんでいる．

1.5～1.6 µm 付近で用いる波長分割多重の波長については国際的な標準が決められている．表 10-2 にはその一部を示す．高密度な波長分割多重（Dense WDM：DWDM）を想定して，波長（周波数）の間隔は 100 GHz（これを等分割して 50 GHz あるいはそれより狭い間隔とする場合もある）となっている．これを ITU グリッドとよぶこともある．

これに対して，図 10-9 の波長領域において，波長を 20 nm 間隔で配置する低密度な波長分割多重（Coarse WDM：CWDM）も存在する．

表 10-2 国際標準で定められている波長配置（波長間隔 100 GHz の場合の一部）

チャネル	波長 [nm]	周波数 [THz]	チャネル	波長 [nm]	周波数 [THz]	チャネル	波長 [nm]	周波数 [THz]
21	1 560.61	192.1	28	1 554.94	192.8	35	1 549.32	193.5
22	1 559.79	192.2	29	1 554.13	192.9	36	1 548.52	193.6
23	1 558.98	192.3	30	1 553.33	193.0	37	1 547.72	193.7
24	1 558.17	192.4	31	1 552.52	193.1	38	1 546.92	193.8
25	1 557.36	192.5	32	1 551.72	193.2	39	1 546.12	193.9
26	1 556.56	192.6	33	1 550.92	193.3	40	1 545.32	194.0
27	1 555.75	192.7	34	1 550.12	193.4	41	1 544.53	194.1

10.4　空間分割多重

　伝送線路および送信部,受信部からなる伝送システムが複数存在するとき,伝送線路を束状にして一括して扱う手法を空間分割多重(SDM)とよぶ。これはもっとも基本的で容易な多重化の手法であるが,他の多重化に比べてコストの低減効果は一般的に小さい。

　光ファイバは細径であるため,複数の光ファイバをグルーピングしてもその断面は大きなものにはならない。したがって,空間分割多重に適した伝送線路であるといえる。図 10-10 には光ファイバケーブルにおける空間分割多重のようすを示している。

　通常の光ファイバでは,中心部に単一のコアが存在する(9.2 節参照)。空間分割多重の手法として,1 本の光ファイバの中に複数のコアを設けるマルチコアファイバの実用化も進められている。

10.5　符号分割多重

　符号を利用した多重化は,互いに直交した符号パターン(異なるもの同士の積を一定時間にわたって積分するとその値が 0 となる)を準備し,チャネルごとに異なった符号パターンを割りあててチャネルの区別をする技術である。したがって,他の多重化技術でチャネル別に用いられる時間や周波数,媒体(空間)は,

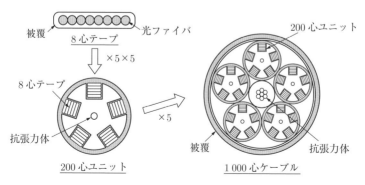

図 10-10　光ファイバのテープ化,ユニット化,ケーブル化による空間分割多重

符号分割多重ではどのチャネルにも共有されることになる。

図 10-11 に符号分割多重（CDM）の原理を示す。直交した符号パターンとしては擬似ランダム雑音（Pseudorandom Noise：PN）系列の信号が用いられる。PN 系列の信号は，レベルが +1 または −1 である短い信号単位（これをチップとよぶ）を時間軸上に並べたものであり，チップの幅は送信すべきディジタル信号の各ビットの時間幅に比べてかなり短い。したがってスペクトルは，送信すべきもとのディジタル信号に比べてかなり広くなる。このことから符号分割多重はスペクトル拡散（spread spectrum）通信ともよばれる。PN 系列の信号はパターンに規則性が乏しく，くり返し周期が極めて長いので，擬似的な雑音と見なすことができる。送信部では，送信すべきディジタル信号にチャネル固有のパターンをもつ PN 系列信号を掛けあわせ，受信部でも受信した信号に所定のチャネルに対応した PN 系列信号を掛けあわせてディジタル信号を取り出す（図 (a)）。

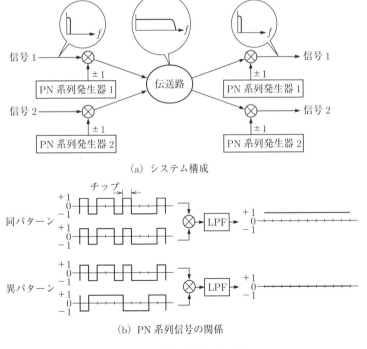

図 10-11 符号分割多重の原理

PN 系列信号の特徴は，図 (b) にあるように，同じパターン同士を掛けあわせ低域通過フィルタ（LPF）に通すとレベル +1 の信号が得られるが，異なるパターン同士を掛けあわせるとレベルが 0 となり，信号は得られない。PN 系列の信号パターンは送信部ごとに異なっているので，受信部で用いる PN 系列の信号パターンを特定の送信部のそれに一致させることにより，その送信部からの信号のみを復元することができる。

　符号分割多重は，多重化技術そのものとしてよりも，信号スペクトルが拡散されることを利用して，他信号からの妨害や伝送路で発生する歪（遅延の異なる複数経路からの受信によって発生）による影響を低減するための技術，あるいは特殊な符号パターンを使うことを利用して暗号化を行うための技術として用いられている。身近な分野である携帯電話や無線 LAN で使われている。これらの通信システムでは，多数の移動端末が相互に融通しあいながら 1 つの基地局へアクセスすることから，CDMA（Code Division Multiple Access）という用語が用いられている。

10.6　そのほかの多重化技術

　10.1 節では時分割多重の技術として，各チャネルを時間軸上で周期的に割りあてる方法（周期 125 μs）を述べた。これに対して，同じ時分割多重ではあるが各チャネルを非周期的に割りあてる方法がある。信号そのものが連続性を有しておらず，短い信号ブロックに分割されていて，それぞれの信号ブロックに多少の伝達時間差がともなっても許される場合にこの方法が用いられる。このような多重化には，パケット多重およびセル多重がある。

　パケット多重はコンピュータ間を接続する LAN やインターネットで用いられている技術である。その原理を図 10-12 に示す。情報はパケットとよばれる可変長の信号ブロックに分割して伝送される。パケットは伝送路の中を不規則な時間間隔で流れる。異なった伝送路から来たパケットを多重化する際，パケットが衝突することを防ぐには，パケットを時間軸に沿って相互に調整する必要がある。そのためにバッファメモリが用いられている。切替部は，蓄積されているパケット数が多いバッファメモリから優先的にパケットを取り込み，それらを順次後段

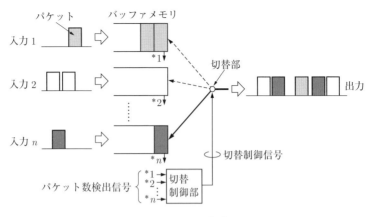

図 10-12　パケット多重の原理

に送り出す．これにより，パケットが失われることなく多重化が行われる．

　セル多重は，パケット多重と同様，情報を信号ブロック（セル）に分割して送る方法である．ATM(Asynchronous Transfer Mode)多重ともよばれる．ただし，セルは固定長であり，伝送路において定められている周期的なタイムスロットの中に入れて伝送される．セルはパケットよりも短いので，情報をもとにセルをつくる際の遅延時間が小さい．したがって，データ通信だけではなく電話や映像のようなリアルタイム性が求められるサービスにも対応できるようになっている．

　そのほかに光ファイバ通信の分野では偏波多重という技術がある．これは，電磁波がもつ2つの直交偏波を利用して，伝送路中に同時に2つのチャネルを設ける技術である．したがって光ファイバ通信システムのほか無線通信システムでも利用することができる．伝送路の状況によって偏波が変動する可能性があることから，そのための対策が必要である．

演習問題

10-1 時分割多重において，① フレームの長さはどのように定められているか，また，② 図10-2のようにディジタル信号24チャネルを多重化したときの正確な伝送速度を求めよ。ただしフレーム同期信号は1ビットとする。

10-2 ディジタルハイアラーキとは何か説明せよ。

10-3 STM-1について，① 正確な伝送速度と② フレーム中で情報を運ぶ領域（ペイロード）が占める割合を求めよ。

10-4 光通信システムで波長分割多重を用いる利点を述べよ。

10-5 符号分割多重とはどのような方式か説明せよ。

11章

媒体共有型ネットワークと多元アクセス

　媒体共有型ネットワークとは，1つの伝送媒体を共有して多数の端末が相互に通信を行うネットワークを指す。この種のネットワークでは経路切替のための装置がないため，1つの端末から送出された信号は伝送媒体を経て他のすべての端末へ伝わる。そのため端末は，受信した信号が自分自身に宛てられたものかどうかを識別し，そうである場合にはその信号を取り込む機能を有している。伝送媒体を共有しているため，複数の端末が同時に信号を送信すると信号が衝突してしまう。したがって，信号衝突を避けるための技術が必要になる。この種のネットワークは，無線ネットワーク，コンピュータの中のバスネットワークなどにおいて使われている。

　表11-1は媒体共有型ネットワークを分類したものである。ランダムアクセス（random access）型，トークン・パッシング（token-passing）型，ポーリング（polling）型があり，信号を送受信する手順がそれぞれ異なっている。ランダムアクセス型の長所は，軽微な信号処理でよく，拡張性がある（端末の増加に対応しやすい）ことであり，短所は信号の衝突（伝送媒体上に複数の異なった信号が同時に存在して，相互に干渉すること）が起こる可能性があることである。トークン・パッシング型の長所は，全端末に対して公平性を確保できることであり，短所は，送信信号をもたない端末も含めて全端末に対してトークンを巡回させるため無駄な時間が存在すること，トークンの管理が必要なことなどである。ポーリング型の長所は，トラヒック（ネットワークに送出されるすべての信号の量）の実態にあわせて送信を希望する端末のみへの送信権割りあてが可能なことであり，短所は，割りあて機能をもつ制御局が必要なことである。

　本章では，媒体共有型ネットワークにおいて広く用いられている形態であるラ

ンダムアクセス型ネットワークの動作について，理論的に解説する。

表 11-1　媒体共有型ネットワークの分類

種　類	概　要
ランダムアクセス型	各端末が，他端末との調整をすることなくそれぞれの判断で信号を送出する。できる限り衝突を減らすため，送出の前と後に伝送媒体をモニターする方法がある。
トークン・パッシング型	端末間で信号送出権を巡回させ，できる限り公平に信号を送出できるようにする。そのために特殊な制御信号（トークン）を用い，これを受信した端末が信号を送出する。
ポーリング型	端末に信号送出権を与える役割を担う制御局をネットワーク内に設ける。制御局は送出したい信号を保持している端末に順次送出権を割りあてる。

11.1　ALOHA

ALOHA は 1960 年代後半，Hawaii 大学で開発され，衛星通信を使ったネットワークに適用されたプロトコル（信号を送受信するための手順の規約）である。媒体共有型ネットワークのための最初の通信プロトコルとして位置づけられる。送受信の手順は簡単で，送信すべき信号をもつ端末は，媒体中へ一方的に信号を送出する。送出された信号が他の信号との衝突や雑音などの影響により受信側で正しく受け取れなかったことが，受信側の端末の反応からわかった場合には，ランダムな時間を空けて再度その信号を送出する。

(1) ポアソン分布

多数の端末が接続されたネットワークでは，信号はランダムに発生していると見なすことができる。単位時間あたり平均 λ 回発生するランダムな事象があるとき，時間 t の間に k 回発生する確率はポアソン（Poisson）分布とよばれる式，

$$P(t,k) = \frac{(\lambda t)^k}{k!} e^{-\lambda t} \tag{11-1}$$

で表すことができる。

式 (11-1) を図示すると図 11-1 のようになる。この事象を媒体共有型ネットワ

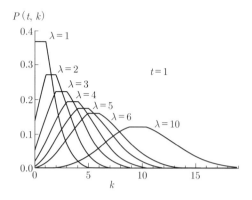

図 11-1 ポアソン分布

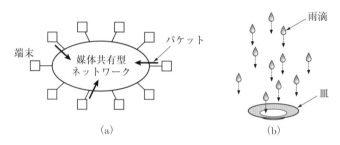

図 11-2 ポアソン分布の対象となる事象

ークに置き換えると，式 (11-1) は媒体共有型ネットワークに接続された複数の端末からパケット（有限個数の連続ビットからなるディジタル信号の単位）が単位時間あたり平均 λ 個送信される場合，時間 t の間に k 個送信される確率であると見なせる（図 11-2(a)）。さらに身近な現象に置き換えると，雨の降る屋外において単位時間あたり平均 λ 個雨滴が皿に受かる場合，時間 t の間に k 個受かる確率と見なすことができる（図 11-2(b)）。

ポアソン分布は次のような考え方で求めることができる。単位時間あたりの平均発生回数が λ であり，時間 t を n 個に分割した微小時間を $\Delta t \left(= \dfrac{t}{n}\right)$ とすると（図 11-3），微小時間 Δt の間の平均発生回数は $\lambda \Delta t$ となる。Δt は微小時間であるから，平均発生回数は発生確率と等しいので，n 個の Δt のうち k 個において発生する確率 $P(n, k)$ は，2 項分布，

図 11-3 時間の細分

$$P(n,k) = \binom{n}{k}(\lambda \Delta t)^k (1-\lambda \Delta t)^{n-k} \tag{11-2}$$

として表すことができる。

$\Delta t \to 0$, すなわち $n \to \infty$ としたときの確率を $P(t,k)$ とすると,

$$\begin{aligned}
P(t,k) &= \lim_{\Delta t \to 0} P(n,k) \\
&= \lim_{\Delta t \to 0} \binom{n}{k}(\lambda \Delta t)^k (1-\lambda \Delta t)^{n-k} \\
&= \lim_{n \to \infty} \frac{n(n-1)\cdots(n-k+1)}{k!} \left(\lambda \frac{t}{n}\right)^k \left(1-\lambda \frac{t}{n}\right)^{n-k} \\
&= \lim_{n \to \infty} \frac{(\lambda t)^k}{k!} \left(1-\frac{1}{n}\right)\cdots\left(1-\frac{k-1}{n}\right)\left(1-\frac{\lambda t}{n}\right)^{n-k} \\
&= \lim_{n \to \infty} \frac{(\lambda t)^k}{k!} \left(1-\frac{\lambda t}{n}\right)^n
\end{aligned}$$

ここで $-\dfrac{\lambda t}{n} = \Delta x$ とおくと, $n = -\dfrac{\lambda t}{\Delta x}$ であるから,

$$P(t,k) = \frac{(\lambda t)^k}{k!} \lim_{\Delta x \to 0} \left\{(1+\Delta x)^{\frac{1}{\Delta x}}\right\}^{-\lambda t} \tag{11-3}$$

となる。一方, 自然対数の底 e の定義より,

$$e = \lim_{\Delta x \to 0} (1+\Delta x)^{\frac{1}{\Delta x}} \tag{11-4}$$

であるから, 式 (11-4) を式 (11-3) に代入するとポアソン分布の式 (11-1) が得られる。

(2) トラヒックとスループットの関係

ネットワークを流れる信号の量を表す指標にトラヒックとスループットがあ

る。これらはそれぞれ流入および流出に関わる指標であり、次のように定義される。

$$\begin{aligned}
\text{トラヒック } g &= \frac{\text{基準時間内にネットワークへ流入した信号が占める延べ時間}}{\text{基準時間}} \\
&= \frac{\text{ネットワークに毎秒送出される信号のビット数}}{\text{ネットワークが毎秒伝送できるビット数}}
\end{aligned}$$

$$\begin{aligned}
\text{スループット } s &= \frac{\text{基準時間内に衝突なくネットワークを通過し宛先へ届いた信号の合計時間}}{\text{基準時間}} \\
&= \frac{\text{宛先に毎秒伝達される信号のビット数}}{\text{ネットワークが毎秒伝送できるビット数}}
\end{aligned}$$

図 11-4 は，ネットワークに接続された 4 つの端末 A，B，C，D から送出されたパケットを，時間軸に沿って示したものである。この図をもとにトラヒックとスループットを求めると，

$$g = \frac{13T}{10T} = 1.3$$

$$s = \frac{3T}{10T} = 0.3$$

となる。

パケット発生回数がポアソン分布に従うネットワークにおいて，単位時間あたりの平均パケット発生回数を λ，各パケットの持続時間を T とすると，単位時

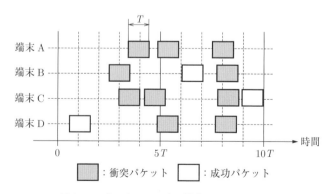

図 11-4 ネットワーク内に送出されたパケット

間の中で全パケットが占める延べの時間の平均は λT となる。このときトラヒックは $g = \lambda T$ と定義されるので，

$$\lambda = \frac{g}{T}$$

となる。これよりポアソン分布は，

$$P(t,k) = \frac{\left(\dfrac{gt}{T}\right)^k}{k!} e^{-\frac{gt}{T}} \tag{11-5}$$

と表すことができる。

あるパケット（長さ T）が衝突を免れるためには，そのパケットの送信開始時刻前後の時間幅 $2T$ の間に他のパケットの送信開始があってはならない。時間幅 $2T$ の間に他のパケットが送信されない確率 P は，式 (11-5) において $t = 2T$, $k = 0$ とすることにより求められ，

$$P = e^{-2g} \tag{11-6}$$

となる。トラヒックのうちネットワークを通過した成功パケットに相当する部分がスループットであるので，スループット s はトラヒック g と確率 P の積と考えてよいから，

$$s = g \times P = g e^{-2g} \tag{11-7}$$

と表すことができる。g と s の関係を図 11-5 に示す。ここで $0 \leq s \leq 1$, $0 \leq g$ という関係が成り立つ。

トラヒックが小さい場合にはトラヒックの増加とともにスループットも増加する。しかし，増加の度合いは次第に小さくなり，やがて減少に転じる。信号の衝突が顕著になるためである。

上述した ALOHA のプロトコルでは，送信すべきパケットをもつ端末は任意の時間に送信を開始することができる。そうではなく，ネットワークに周期 T のスロットをあらかじめ設けておき，その中にパケット（長さ T）を入れ込んで送信するプロトコル（slotted-ALOHA）もある。この場合，式 (11-5) において $t = T$, $k = 0$ とすればよく，式 (11-7) に対応する式は，

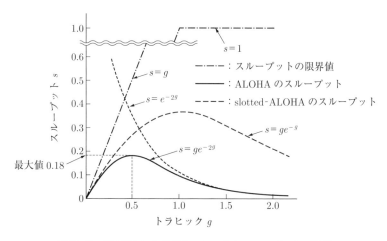

図 11-5　ALOHA におけるトラヒックとスループットの関係

$$s = ge^{-g}$$

となる。この g と s の関係も図 11-5 にあわせて示している。

　ネットワークの状況をあらかじめ把握しないでパケットを送信する ALOHA では，図 11-5 からわかるように，高々 0.18（slotted-ALOHA では 0.37）のスループットしか得られない。つまり，伝送媒体がもっている容量の多くても 18 %（slotted-ALOHA では 37 %）しか利用できない。しかし，11.2 節で述べるように，ネットワークの状況をあらかじめチェックする機能をプロトコルに付加することでスループットを向上させることができる。ただ，ネットワークサイズが大きく，信号の伝搬に大きな遅延が生じるシステムにおいては，たとえネットワークの通信状態をあらかじめチェックしたとしても，その結果は信頼性に乏しく無意味である。したがって，そのようなシステムにはここで述べた ALOHA を利用する意味がある。

11.2　CSMA

　ALOHA を改善してスループットを増加させたプロトコルとして，CSMA（Carrier Sense Multiple Access）を取り上げる。このプロトコルでは，パケッ

トを送出する前にネットワークの状況を把握（キャリアセンス）し，もし他のパケットがすでに存在したら送出を取り止める。そしてあとの時間に改めて送出を試みる。CSMA にはいくつかの種類があるが，その 1 つに非固執型 CSMA (nonpersistent CSMA) がある。このプロトコルでは，他のパケットを検出したとき，ランダムな時間を空けてパケットの送出を改めて試みるのが特徴である。このほかに固執型 CSMA (persistent CSMA) がある。このプロトコルでは，他のパケットを検出したとき，そのパケットの通信中は待機を続け，通信が終わると直ちにパケットを送出する。ここでは前者について述べる。

CSMA では，ネットワークに何らかのパケットが存在する時間帯（平均時間 T_B）とパケットが存在しない時間帯（平均時間 T_I）とが交互にくり返される（図11-6）。また，前者の中には衝突のない単一パケットのみが存在する時間帯（平均時間 T_U）も存在する。このときスループットは，

$$s = \frac{T_U}{T_B + T_I} \tag{11-8}$$

と表される。

いま，パケットの長さを 1，ネットワーク内の伝送遅延時間を a とする。キャリアセンスのもとで送信されたあるパケットが成功するためには，パケットの先頭から時間幅 a（遅延によってキャリアセンスが機能しなくなる時間）の間に他のパケットが送信されなければよい。したがってパケット成功率は式 (11-5) のポアソン分布において $k = 0$，$t = a$，$T = 1$ として，

$$p = e^{-ag} \tag{11-9}$$

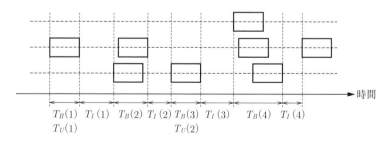

図 11-6　CSMA における信号の例

であるから，

$$T_U = パケット長 \times パケット成功確率$$
$$= 1 \times p$$
$$= e^{-ag} \tag{11-10}$$

となる．

時刻 $0 \sim t$ の間にパケットが送信されない確率 $p(t)$ はポアソン分布（式 (11-5)）において $k = 0$，$T = 1$ として，

$$p(t) = e^{-gt} \tag{11-11}$$

であるから，時刻 $0 \sim t$ の間にパケットが送信されず，時刻 $t \sim t + dt$ の間に送信される確率 dp は，

$$dp = p(t) - p(t+dt) = -\left(\frac{dp(t)}{dt}\right)dt$$
$$= ge^{-gt}dt \tag{11-12}$$

となる．T_I は，時刻 0 を起点として最初のパケットが送信されるまでの平均時間と見なせるので，上記の結果を用いて求めると，

$$T_I = \int_{t=0}^{t=\infty} t\,dp = \frac{1}{g} \tag{11-13}$$

となる．

次に図 11-7 のようなパケットの衝突モデルを考える．最初と最後のパケットの時間差を u とする．最初のパケットの先端部を起点とすると，最後のパケットの先端部が時刻 y 以前にある確率 p_y は，時間幅 $a - y$ の間にパケットが送信されない確率であるから，式 (11-5) のポアソン分布において $k = 0$，$t = a - y$，

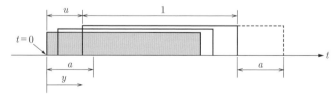

図 11-7 パケットの衝突

$T=1$ として,

$$p_y = e^{-g(a-y)} = e^{g(y-a)} \tag{11-14}$$

となる。最後のパケットの先端部が時刻 y と $y+dy$ の間に送信される確率 dp_y は,式 (11-12) と同様にして,

$$dp_y = p_y(y+dy) - p_y(y) = \left(\frac{dp_y}{dy}\right)dy = ge^{g(y-a)}dy \tag{11-15}$$

となる。これより u の平均値 T_D は,

$$T_D = \int_{y=0}^{y=a} y\,dp_y = a - \frac{1-e^{-ag}}{g} \tag{11-16}$$

衝突も考慮に入れてネットワークが使われているときの平均時間 T_B は,

$$T_B = 1 + T_D + a = 1 + 2a - \frac{1-e^{-ag}}{g} \tag{11-17}$$

となる。式 (11-10), (11-13) および式 (11-17) を式 (11-8) に代入することにより,スループット,

$$s = \frac{ge^{-ag}}{g(1+2a) + e^{-ag}} \tag{11-18}$$

を得る。

式 (11-18) で表された s と g の関係を図示すると図 11-8 のようになる。図 11-8 を ALOHA の特性である図 11-5 と比較すると,全体的にスループットが増加しているのがわかる。パケットの送信前に行うキャリアセンスの効果が現れて

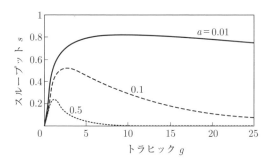

図 11-8 非固執型 CSMA の特性

いるといえる．しかし，CSMA ではネットワーク内の伝搬遅延（図 11-8 では a によって表されている）が特性を大きく左右することがわかる．伝搬遅延はパケット長の数％以下でなければならない．

　CSMA を改良したものに CSMA/CD（CSMA/Collision Detection）や CSMA/CA（CSMA/Collision Avoidance）がある．前者では，パケット送信開始直後に，そのパケットが他のパケットと衝突したかどうかをチェックし，衝突している場合には送信を直ちに中止する．ネットワークが大きく信号遅延が無視できなくなると，キャリアセンスの機能が低下するので，それを補う効果がある．この CSMA/CD は，広く普及しているイーサネット（Ethernet）で使われているプロトコルである．一方，CSMA/CA は無線 LAN で用いられている．キャリアセンスをして他のパケットが存在することがわかりパケット送信を再度試みることになった場合，競合端末との間で衝突が起こることを避けるため，再送時間に対して一定の規則に従ってばらつきを与えるプロトコルである．

演習問題

11-1　ALOHA におけるスループットの最大値が 0.19 であり，そのときのトラヒックが 0.5 であることを導け．

11-2　slotted-ALOHA におけるスループットの最大値が 0.37 であり，そのときのトラヒックが 1 であることを導け．

11-3　CSMA，CSMA/CD，CSMA/CA のスループット特性をさらに改善する方法を考えてみよ．

12章

伝送符号

　伝送路上を信号として伝わる符号を伝送符号という。伝送符号は，信号レベルが2値の単純なパルス波形であるとは限らない。送信された信号ができるだけ正しく受信されるようにするため，伝送路や通信機器の特性を考慮に入れてもっとも適した形状をもつパルス符号が選ばれる。

12.1　伝送符号に求められる条件

伝送符号に求められる条件を次に示す。
① 直流成分，低周波成分が少ない
　　外部からの電磁誘導を防いだり，回路設計を容易にするため，受信部の内部では交流結合（直流遮断，低域遮断）になっていることが多い。これによって信号波形が影響を受けないようにするため，伝送符号の周波数スペクトルには直流成分や低周波成分が少ないことが求められる。
② タイミング成分が多い
　　受信機では，信号のマーク/スペースを識別判定するタイミングの情報は，受信した信号から抽出される。したがってパルス波形にはタイミング成分が多く含まれている必要がある。
③ 占有帯域幅が狭い
　　伝送路において損失（減衰量）は一般的に周波数とともに増大する。また，無線通信システムでは使用可能な電波の周波数帯域は限られている。したがって，ディジタル信号のスペクトルは低い周波数領域に限定されている必要があり，占有帯域幅の狭い伝送符号が求められる。

④ パルス密度の変動が小さい

　パルス密度に偏りが生じパルス密度が低下した時間領域では，タイミング情報の抽出が難しくなる．したがって，パルス密度はできる限り均一であることが望ましい．

⑤ サービス状態のもとで符号誤り率の監視ができる

　送信側において伝送符号をつくる際に何らかの規則性を設けておけば，受信側でその規則性が守られていない場合を取り出してカウントすることにより符号誤り率を知ることができる．

12.2　いろいろな伝送符号

(1) ユニポーラ符号

　もとの信号の "1"，"0" をそれぞれパルスの有無（マーク，スペース）に対応づけたものである．図 12-1 にユニポーラ符号（unipolar code）の例を示す．パルス幅がタイムスロット（周期）に等しいものを NRZ 符号（Non Return to Zero code）といい，パルス幅が周期よりも小さいものを RZ 符号（Return to Zero code）という．この区別は，ユニポーラ符号に限らず他の符号でも用いられる．

　ユニポーラ符号は 12.1 節で述べた条件のうち②を満たす．ただしこれは RZ 符号の場合である．

(2) バイポーラ符号

　バイポーラ符号（bipolar code）は，別名で AMI 符号（Alternative Mark

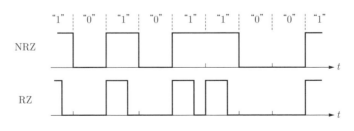

図 12-1　ユニポーラ符号

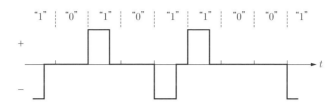

図 12-2　バイポーラ符号（RZ）

Inversion code）ともよばれる．もとの信号の"0"は，ユニポーラ符号同様，パルスなし（スペース）に対応づけ，"1"は極性が＋（正）および－（負）で交互に反転するパルス（マーク）に対応づける（図 12-2）．

バイポーラ符号は 12.1 節で述べた条件のうち①，⑤を満たす．この符号にはタイミング成分が含まれていないので，タイミングを得るには，信号を整流回路に通して片方の極性のみをもつ波形に整形（ユニポーラ化）したうえで，タイミング抽出回路に入力する．

(3) 改良したバイポーラ符号

ユニポーラ符号同様，バイポーラ符号において"0"が連続した部分にはタイミング情報が含まれない．"0"が連続した部分をあらかじめ決まった符号列に変換することにより，タイミング情報を確保する方法が考えられている．このような符号を BnZS 符号（Bipolar with n Zero Substitution code）という．図 12-3 に $n=6$ とした方法（B6ZS）を示す．この方法では，"0"が 6 個連続した場合，これらを，極性のバランスがとれかつバイポーラ符号の規則に反した新たな 6 個の符号に置き換える．

具体的には，バイポーラ符号の中に符号列 "＋0 0 0 0 0 0" が現れたときには符号列 "＋0＋－0－＋"に変換し，"－0 0 0 0 0 0"のときには"－0－＋0＋－"に変換する．図 12-3 では，これら 2 つの場合について実線と破線を使って表現している．変換後の符号列は，バイポーラ符号の規則に反しているので，受信側では容易に判別することができる．

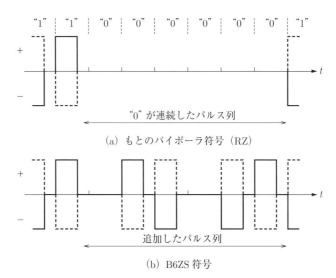

(a) もとのバイポーラ符号（RZ）

(b) B6ZS 符号

図 12-3 バイポーラ符号の改良（RZ）。実線と破線で2つの場合をあわせて示している

このように改良した符号は条件 ①，②，⑤ を満たすことになる。

(4) バイモード多値平衡符号

これは，符号ブロックの内部で極性のバランスを保つほか，極性の異なる2つの符号ブロックを＋（正）および－（負）のモードに応じて交互に切り換える方法であり，PST 符号（Paired Selected Ternary code）がその例である。この符号では，もとの符号列を2ビットごとに区切り，次のように対応づける（図12-4）。

"00" → "− +"，"11" → "+ −"

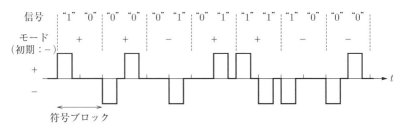

図 12-4 PST 符号（RZ）

"01" → "0 +"（モード + のとき），"0 -"（モード - のとき）
"10" → "+ 0"（モード + のとき），"- 0"（モード - のとき）

そして，"01" または "10" が現れるたびにモードを交互に反転させる．

この符号では直流成分がなく，"0" の連続は最大 2 個である．12.1 節で示した条件のうち ①，②，④，⑤ を満たすことになる．

(5) バイフェーズ符号

これは，1 つのタイムスロットを 2 分割して直流成分や "0" の連続を抑える方法である．ここでは 2 つの例を示す．

① Manchester 符号

　この符号は，ダイパルス符号（dipulse code）ともよばれる．"1" に対しては "+ -" を，"0" に対しては "- +" を割りあてる．信号波形の例を図 12-5 に示す．

　この符号では簡単な符号変換規則で直流成分や "0" の連続を抑えることができる．したがって条件 ①，②，④，⑤ を満たすが，占有帯域幅が大幅に広くなるという欠点がある．

② CMI 符号（Coded Mark Inversion）

　CMI 符号では，もとの符号の "1" に対しては "+ +" または "- -" を交

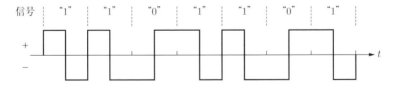

図 12-5　Manchester 符号

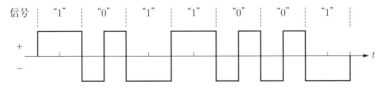

図 12-6　CMI 符号

互に割りあて，"0"に対しては常に"- +"を割りあてる方法である．信号波形の例を図 12-6 に示す．

　この方法によれば，簡単な符号変換規則で直流成分や"0"の連続を抑えることができる．したがって条件 ①，②，④，⑤ を満たすことになる．占有帯域幅は Manchester 符号より狭い．また，パターンに規則性（"+ +"と"- -"が交互に出現）があることにより，符号誤り率の監視は Manchester 符号より容易であるといわれている．

(6) デュオバイナリ符号

　バイポーラ符号と同様にもとの符号の"0"に対しては"0"を割りあて，"1"に対しては"+"または"-"を割りあてる方法である．ただし，1つ前にある"1"との間にある"0"の個数が偶数の場合（0個を含む）は1つ前にある"1"と同一の極性，奇数の場合は逆の極性とする．信号波形の例を図 12-7 に示す．

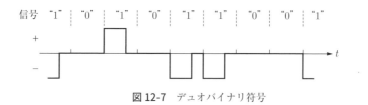

図 12-7　デュオバイナリ符号

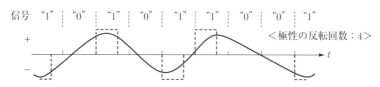

(a) バイポーラ符号における低周波成分

(b) デュオバイナリ符号における低周波成分

図 12-8　2つの符号における低周波成分の比較

デュオバイナリ符号（duobinary code）はバイポーラ符号に比べて，直流や低周波の抑圧，タイミング信号抽出に関して劣るが，占有帯域幅は狭くてよい．このことは，図 12-8 においてバイポーラ符号とデュオバイナリ符号とを比較すると，後者の極性の反転回数が前者に比べて少ないことからも理解できる．この符号は条件 ③，⑤ を満たすことになる．

演習問題

12-1　伝送符号に求められる性質にはどのようなものがあるか．

12-2　ユニポーラ符号のうち NRZ 符号と RZ 符号のどちらがタイミング成分を多く含んでいるか，またその理由を述べよ．

12-3　図 12-2 のバイポーラ符号では直流成分を減らすためにどのような工夫がなされているか．

12-4　ビット列 "11010000001011" について B6ZS 符号を求めよ．ただし最初のビットの極性は + とする．

12-5　ビット列 "11100010010111" について PST 符号を求めよ．ただし初期モードは − とする．

13章

符号誤り制御

　符号誤りとは，ディジタル通信システムの送受信間で信号が正しく伝送されず，雑音などの影響を受けて，送信側の"1"が受信側で"0"として，あるいは送信側の"0"が受信側で"1"として判定される現象である。符号誤りは不規則に発生するので，これを定量的に評価するには符号誤り率が用いられる（8.1節参照）。

　通信システムにおける符号誤り率は，音声通信の場合には 10^{-5} 程度でも品質上問題はないが，データ通信の場合には 10^{-11} より小さい値が求められる。使用する通信システムの符号誤り率が要求を満たさないときには，誤りの制御を行うしくみが必要となる。

　符号誤りを時間軸に沿った連続性から分類すると，ランダム誤り（random error）とバースト誤り（burst error）とがある。前者はビット単位で発生する誤りであり，後者は断続的に複数のビットにまたがって発生する誤りである。

　符号誤り制御には誤り検出と誤り訂正とがある。誤り検出では，受信側で受信したパケットの内部に符号誤りを検出すると，送信側に対してパケットの再送を要求することで誤りのない通信を実現する。誤り訂正では，送信側とのやりとりはなく符号の訂正を受信側だけで行う。後者は，訂正のために新たなビット列を付加するので前者に比べて情報伝送速度の点で劣るが，再送が不要なので遅延の点で優れている。

　本章では，符号誤り制御に関わる基本技術を解説する。実際の通信システムでは，より高度で複雑な技術が用いられている。それらに関心をもつ読者は，専門書を参考にしていただきたい。

13.1 垂直パリティ方式

パケットは有限な長さをもつビット列である。この方式では，送信側は，パケットに1つの付加ビットを付け加え，全体における"1"の個数が偶数（または奇数）になるように付加ビットの値を調整して送信する（図13-1）。受信側では，"1"の個数をカウントして奇数（または偶数）であれば誤りが発生したものと見なす。付加ビットはパリティビットとよばれる。この方式には，簡便であるという利点はあるが，偶数個のビットに誤りが発生したときには検出できないという欠点がある。ここでパリティ（parity）には均衡という意味がある。

図 13-1　垂直パリティ方式のビット列

13.2 垂直・水平パリティ方式

垂直パリティ方式の複数のビット列を図13-2のようにそれぞれ垂直方向に配置し，それらを水平方向に並べたあと，末尾に各ビット列と同じ長さをもつ別のビット列を1つ付加する。この2次元に配置されたビットを水平方向に見て，各

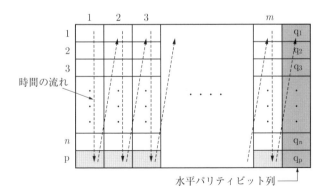

図 13-2　垂直・水平パリティ方式のビット列

行における"1"の個数が偶数（または奇数）になるように付加ビット列の中の各ビット（水平パリティビット列）を決める．この方式によれば，たとえば垂直パリティ方式の1つのビット列長より短いバースト誤りであれば検出することができる．もし1ビットのランダム誤りであれば，垂直・水平の組みあわせにより誤りの位置を特定できるので誤り訂正が可能である．

　垂直パリティチェック方式や垂直・水平パリティチェック方式は，性能の点で限界があるものの，その簡便性が重んじられて，局内や機器内のような短距離の通信システムなどに用いられる．

13.3　CRC 方式

　すでに述べた垂直パリティ方式や垂直・水平パリティ方式では，バースト誤りに対する検出能力が不十分であり，実際のシステムに適用するには限界がある．バースト誤りの検出に使える実用的な方式として CRC（Cyclic Redundancy Check）方式がある．

　図 13-3 には，機器が伝送媒体を通して送受信するパケットの構造を示している．左側が先頭部であり，時間とともに右へ順番に信号が生成される．末尾の部分が，誤り検出のために付加される CRC 符号である．これを付加することにより，パケット内における符号誤りの有無を判定できるようになる．CRC 符号以外の部分が本来の送信すべきビット列である．

(1) 送信側での符号の作成

　まず，送信側での具体的な手順を示す．送信ビット列は n 個のビットからなる $b_1 b_2 b_3 \cdots b_{n-1} b_n$ であるとする．ただし $b_i = 1$ または 0 $(i = 1, 2, 3, \cdots, n)$ である．このビット列を多項式，

制御部	宛先アドレス	送信元アドレス	データ	CRC

図 13-3　MAC フレームの構造

$$P(X) = b_1 X^{n-1} + b_2 X^{n-2} + b_3 X^{n-3} + \cdots + b_{n-1} X + b_n \tag{13-1}$$

で表すことにする．ビット列の各ビットは相互に独立であるから，多項式の各係数に対応づけることができる．上述のようにビット列を多項式で表現することにより，ディジタル論理処理を数式演算によって表現することができる．このことはディジタル論理処理を理解するうえでの助けとなる．

次に別の多項式，

$$G(X) = a_1 X^m + a_2 X^{m-1} + a_3 X^{m-2} + \cdots + a_m X + a_{m+1} \tag{13-2}$$

を考える．ただし a_i は 1 または 0 ($i = 1, 2, 3, \cdots, m+1$) であり，m は正の整数である．この多項式は，信号に付加する符号（CRC 符号）を生成するための基本となるものであるため，生成多項式とよばれる．

生成多項式 $G(X)$ の最高次数 m を次数とする X^m を $P(X)$ に掛けて新たな多項式 $X^m P(X)$ をつくり，これを $G(X)$ で割ったときの余りを $R(X)$ とすると，$R(X)$ は $m-1$ を最高次数として一般的に，

$$R(X) = c_1 X^{m-1} + c_2 X^{m-2} + c_3 X^{m-3} + \cdots + c_{m-1} X + c_m \tag{13-3}$$

と表すことができる．ただし c_i は 1 または 0 ($i = 1, 2, 3, \cdots, m$) である．ここでの割り算の中に現れる減算では，modulo 2 とよばれる特殊な演算を行うこととする．この演算では，$0+0=0$，$0+1=1$，$1+0=1$，$1+1=0$，$0-0=0$，$0-1=1$，$1-0=1$，$1-1=0$ なる関係を用いる．これによって得られるビット列 $c_1 c_2 c_3 \cdots c_m$ が求める CRC 符号である．

送信側では，多項式，

$$T(X) = X^m P(X) + R(X) \tag{13-4}$$

の各係数に相当するビット列 $b_1 b_2 b_3 \cdots b_n c_1 c_2 c_3 \cdots c_m$ を送信する．送信ビット列は n ビットであったが，誤り検出機能を付加することにより送信信号は $n+m$ ビットになる．

(2) 受信側での符号処理

受信側での受信信号に対応した多項式 $U(X)$ は，符号誤りがなければ $T(X)$ であり，符号誤りがあれば，$T(X)$ を構成する項の係数 b_1, b_2, b_3, $\cdots$, b_n, c_1, c_2, c_3, $\cdots$, c_m の一部が変化した多項式となる。受信側では生成多項式 $G(X)$ を送信側と共有しており，受信信号に対応した多項式 $U(X)$ を生成多項式 $G(X)$ で割る。この割り算でも modulo 2 の演算を行う。もし受信信号が送信信号と同じであれば，割り算は，

$$\frac{U(X)}{G(X)} = \frac{T(X)}{G(X)} = \frac{X^m P(X)}{G(X)} + \frac{R(X)}{G(X)}$$
$$= \frac{X^m P(X) - R(X)}{G(X)} + \frac{R(X) + R(X)}{G(X)}$$

となる。ここで第1項の分子 $X^m P(X) - R(X)$ は分母 $G(X)$ で割り切ることができる。一方，第2項の分子は modulo 2 の演算により 0 となる。つまり，$U(X)$ は $G(X)$ で割り切ることができる。このように余りの有無が符号誤りの有無に対応することになり，これにより誤りの検出ができる。

(3) 具体的な事例

ここで CRC 方式の例として，8 ビットのビット列 "10010101" を送受信する場合を考える。この信号に対応する多項式 $P(X)$ は，

$$P(X) = X^7 + X^4 + X^2 + 1 \tag{13-5}$$

である。ここで生成多項式 $G(X)$ を，

$$G(X) = X^6 + X^4 + X^2 + 1 \tag{13-6}$$

とし，$G(X)$ の最高次数 6 を次数とする項 X^6 を $P(X)$ に掛けて新たな多項式，

$$X^6 P(X) = X^{13} + X^{10} + X^8 + X^6 \tag{13-7}$$

をつくり，これを $G(X)$ で割る。演算の過程を次に示す。

$$
\begin{array}{r}
X^7+X^5+X^4\\
X^6+X^4+X^2+1\overline{\smash{\big)}\,X^{13}+X^{10}+X^8+X^6}}\\
\underline{X^{13}+X^{11}+X^9+X^7}\\
X^{11}+X^{10}+X^9+X^8+X^7+X^6\\
\underline{X^{11}+X^9+X^7+X^5}\\
X^{10}+X^8+X^6+X^5\\
\underline{X^{10}+X^8+X^6+X^4}\\
X^5+X^4
\end{array}
$$

割り算の余りが，

$$R(X) = X^5 + X^4 \tag{13-8}$$

であるから，送信信号に対応する多項式は，

$$T(X) = X^6 P(X) + R(X) = X^{13} + X^{10} + X^8 + X^6 + X^5 + X^4$$

となる。送信信号はこの多項式に対応してビット列"10010101110000"となる。このうち末尾の"110000"がCRC符号である。

いま，送信信号と同じ信号が受信側で受信されたとする。このときの受信信号に対応した多項式 $U(x)$ は，

$$U(x) = T(x) = x^{13} + x^{10} + x^8 + x^6 + x^5 + x^4$$

である。受信側ではこれを生成多項式 $G(x)$ で割るので，その演算の過程は次のようになる。

$$
\begin{array}{r}
X^7+X^5+X^4\\
X^6+X^4+X^2+1\overline{\smash{\big)}\,X^{13}+X^{10}+X^8+X^6+X^5+X^4}}\\
\underline{X^{13}+X^{11}+X^9+X^7}\\
X^{11}+X^{10}+X^9+X^8+X^7+X^6+X^5+X^4\\
\underline{X^{11}+X^9+X^7+X^5}\\
X^{10}+X^8+X^6+X^4\\
\underline{X^{10}+X^8+X^6+X^4}\\
0
\end{array}
$$

このように割り算の余りが0になることは，符号誤りが存在していないことを示している。

次に，このビット列に符号誤りが生じて受信信号のビット列が①"10110101110000"，②"10100101110000"，③"10011010111000"（いずれも下線部が誤りのあるビット）となった場合を考える．それぞれに対応した多項式を$G(X) = X^6 + X^4 + X^2 + 1$で割ると，演算過程はここでは省略するが，そのときの余りはそれぞれ①X^3，②$X^3 + X^2$，③$X^5 + X^4 + X^2$となる．これらはいずれも0でないので，符号誤りが生じていることを示している．この例からもCRC方式はランダム誤りだけでなくバースト誤りの検出にも有効であることがわかる．

13.4 ハミング距離と符号誤り制御

2つのビット列を桁ごとに比較したとき，値が異なる桁の個数をハミング距離（Hamming distance）とよぶ．いまnビットからなる複数のビット列があり，i番目のビット列が$b_{i1}\ b_{i2}\ b_{i3}\ \cdots\ b_{in}$，$j$番目のビット列が$b_{j1}\ b_{j2}\ b_{j3}\ \cdots\ b_{jn}$であるとすると，両者のハミング距離$d_{ij}$は，

$$d_{ij} = \sum_{k=1}^{n}(b_{ik} \oplus b_{jk}) \tag{13-9}$$

と表すことができる．ここで$\oplus$は排他的論理和（2つのビットが同じ値であれば"0"，異なる値であれば"1"を出力する演算）を意味している．たとえば，ビット列"10111010"および"01111000"を比較すると，下線を付した3つの桁で値が異なっている．したがってこれらのビット列の間のハミング距離は3である．図13-4は，ビット列を図形の頂点に対応づけたものである．図(a)は，2ビットからなる4種類のビット列を正方形の4個の頂点に対応づけたもの，図(b)は，3ビットからなる8種類のビット列を立方体の8個の頂点に対応づけたもの，そして図(c)は，4ビットからなる16種類のビット列を4次元の超立方体がもつ16個の頂点に対応づけたものである．ビット列をこのように表現すると，式(13-9)で表されるハミング距離は，i番目のビット列に対応した頂点とj番目のビット列に対応した頂点とを結ぶもっとも短い経路上の辺の数であるといえる．

3個以上のビット列が与えられたとき，それらの中のあらゆる2つの組みあわせに対してハミング距離を求めて，その中のもっとも小さい値を最小ハミング距離という．これは，

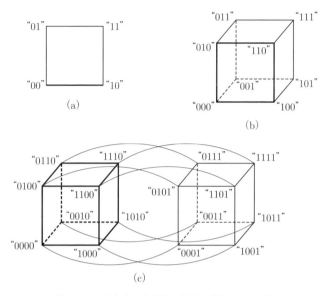

図 13-4 正方形,立方体,超立方体とビット列

$$d_{min} = \underset{i \neq j}{\text{Min}}(d_{ij}) \tag{13-10}$$

と表すことができる。

通信システムの符号誤りは最小ハミング距離をもつビット列間でもっとも発生しやすい。ここでは,そのようなビット列間に注目する。

いま雑音などの影響により s 個のビットに符号誤りが発生したとすると,

$$s \leq d_{min} - 1 \tag{13-11}$$

であれば誤り検出をすることができる。また,$d_{min} \geq 3$ のとき,

$$s \leq \frac{d_{min} - 1}{2} \quad (d_{min}:奇数) \tag{13-12}$$

$$s \leq \frac{d_{min}}{2} - 1 \quad (d_{min}:偶数) \tag{13-13}$$

であれば,誤り訂正をすることが可能である。

誤り検出および誤り訂正について図 (c) を例にして考えてみる。1ビットの符号誤り検出が可能なビット列であるためには,式 (13-11) より $d_{min} = 2$ とすれ

ばよい．そのためには，図 (c) においてビット列 "0000", "1100", "1010", "0110", "1001", "0101", "0011", "1111" のグループ，またはビット列 "1000", "0100", "0010", "1110", "1101", "0111", "1011", "0001" のグループを通信に用いるビット列として採用すればよい．いずれのグループ内においても，任意のビット列間で $d \geq 2$ を満たしているからである．これらのグループのビット列を 13.1 節で述べた垂直パリティ方式と比較してみると，前者のグループは偶パリティ（"1" の個数を偶数にする方式），後者のグループは奇パリティ（"1" の個数を奇数にする方式）に対応することがわかる．

一方，1 ビットの符号誤り訂正が可能なビット列の場合，式 (13-12) および式 (13-13) より $d_{min} = 3$ または $d_{min} = 4$ とすればよい．ビット列の 1 つ (i) をたとえば "0000" としたとき，$d_{ij} = 3$ を満たすビット列 (j) には，図 (c) からわかるように，"1110", "1101", "0111", "1011" があるが，これら 4 つのビット列相互間においては $d_{ij} = 2$ である．また，"0000" を基準にして $d_{ij} = 4$ を満たすビット列としては "1111" があるのみである．これらのことから，4 ビットからなるビット列において 1 ビットの符号誤り訂正をしようとすると，2 つのビット列（たとえば片方のビット列が "0000" であるときには，他方は "1110", "1101", "0111", "1011", "1111" のうちのいずれか 1 つ）を割りあてることができるに過ぎない．もし 3 つのビット列を割りあてると，そのうちの少なくとも 1 組のビット列間のハミング距離が 3 より小さくなってしまう．誤り検出の場合には 8 つのビット列を割りあてることができたのに比べると，効率の悪い符号となることがわかる．

13.5 ハミング符号

(1) 原理

誤り訂正符号の代表的なものにハミング符号がある．誤り訂正をするためには，どのビットに誤りが生じたかがわかるようにしなければならない．そのために新たに付加されるビットをチェックビットとよぶ．いま情報ビットの数を m とし，1 ビットの誤りを訂正する場合を考える．付加するチェックビットの数を k とし，それで得られる自由度を利用して誤りビットの位置を表すことにすると，

2^k 通りの位置を示すことが可能となる。位置は先頭からのビットの順番で示され，それは k 桁の 2 進数で表されることにする。ただし，誤りビットの位置が 0 であると指示された場合は，誤りがないことを指しているものとする。この誤りビットの位置が 0 である場合（1 通り）を除外すると，実際に指示できる誤りビットの位置は $2^k - 1$ 通りとなる。したがって，チェックビットも含めた符号全体のビット数 $(m + k)$ は $2^k - 1$ ビットでなければならないので，$m = 2^k - 1 - k$ という関係が得られる。

ここでは例として $k = 3$，$m = 2^3 - 1 - 3 = 4$ の場合について述べる。つまり，4 つの情報ビットと 3 つのチェックビットからなる合計 7 ビットのビット列の場合を取り上げる。7 つのビットは先頭から順番に $b_1\ b_2\ b_3\ b_4\ b_5\ b_6\ b_7$ であるとする（図13-5）。$k = 3$ であるので，上述したことから，誤りビットの位置（b の添字）は 3 桁の 2 進数で表すことになる。たとえば b_5 が誤ったときには "101" と表す。また，ビット列全体で誤りがないときには "000" で表す。

この 3 桁の 2 進数の下位から 1 桁目について考えてみよう。2 進数と 10 進数の対応関係をもとにすると，この桁の数値は，10 進数の 1, 3, 5, 7 と関係している。そして，送信側において誤り訂正符号を作成した直後では，ビット列には誤りが発生していないのであるから，この桁（3 桁の 2 進数の下位から 1 桁目）の数値は 0 にしておく必要がある。しかし，送信されたあと 1 番目，3 番目，5 番目，7 番目のビット（つまり b_1, b_3, b_5, b_7）のいずれかに誤りが発生したときには，この桁（3 桁の 2 進数の下位から 1 桁目）の数値は 1 になるようにすればよい。そのためには，

$$b_1 + b_3 + b_5 + b_7 = 0 \quad \text{(modulo 2)} \tag{13-14}$$

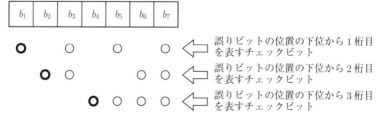

図 13-5　ハミング符号におけるチェックビット

となるようにチェックビットの値を決めておけばよい。ここで b_1, b_3, b_5, b_7 のうちのいずれか1ビットがチェックビットであり，他の3ビットは情報ビットである。

同様に，誤りビットの位置を表す3桁のうちの下位から2桁目については，2番目，3番目，6番目，7番目のビット（つまり b_2, b_3, b_6, b_7) のいずれかに発生する誤りと関わっており，下位から3桁目については，4番目，5番目，6番目，7番目のビット（つまり b_4, b_5, b_6, b_7) のいずれかに発生する誤りと関わっている。そのため，式 (13-14) を導いた考え方を同様に用いて，

$$b_2 + b_3 + b_6 + b_7 = 0 \quad \text{(modulo 2)} \tag{13-15}$$
$$b_4 + b_5 + b_6 + b_7 = 0 \quad \text{(modulo 2)} \tag{13-16}$$

となるようにチェックビットの値を決めておけばよい。

受信側では式 (13-14)～(13-16) の左辺を計算し，これらの計算結果が3つの桁となる2進数を求める。この2進数によって誤りビットの位置が表される。2進数が 000 のときは，誤りがないことになる。

ここで，あとから付加される3つのチェックビットの値は，情報源から得られる4つの情報ビットの値によって一意的に決められる（複数の条件式に関係せず，1つの条件式のみによって決定づけられる）ものでなければならない。したがってチェックビットは式 (13-14)～(13-16) に1度だけ現れるビットでなければならない（図 13-5)。このことから，誤りビットの位置を表す2進数の1桁目に対応したチェックビットは b_1，2桁目は b_2，3桁目は b_4 となる（図 13-5 の太線丸印）。したがって，4つの情報ビットは残りのビット b_3, b_5, b_6, b_7 となる。

(2) 具体例

具体的な例として情報ビットが "1010" の場合を考えてみる。このとき，上述の結果より，これに対応する4つのビット (b_3, b_5, b_6, b_7) は $b_3 = 1$, $b_5 = 0$, $b_6 = 1$, $b_7 = 0$ となる。これらの値を式 (13-14)～(13-16) に代入して，b_1, b_2, b_4 を求めると，

$$b_1 = -b_3 - b_5 - b_7 = -1 - 0 - 0 = 1$$
$$b_2 = -b_3 - b_6 - b_7 = -1 - 1 - 0 = 0$$

$$b_4 = -b_5 - b_6 - b_7 = -0 - 1 - 0 = 1$$

であるから，送信するビット列 $b_1\, b_2\, b_3\, b_4\, b_5\, b_6\, b_7$ は"1011010"となる．いま，通信時において6ビット目に符号誤りが生じ，受信されたビット列が"1011000"となった場合を考える．これを式 (13-14)〜(13-16) の左辺に代入すると，

$$b_1 + b_3 + b_5 + b_7 = 1 + 1 + 0 + 0 = 0 \quad (位置を表す数値の下位から1桁目)$$
$$b_2 + b_3 + b_6 + b_7 = 0 + 1 + 0 + 0 = 1 \quad (位置を表す数値の下位から2桁目)$$
$$b_4 + b_5 + b_6 + b_7 = 1 + 0 + 0 + 0 = 1 \quad (位置を表す数値の下位から3桁目)$$

となる．したがって位置を表す数値は2値で"110"，つまり6ビット目に符号誤りが生じていることを表している．受信側ではこの結果をもとに，受信したビット列"1011000"の6ビット目を訂正して"1011010"とすればよいことになる．

13.6 たたみ込み符号

　誤り制御を行うためには送信側および受信側において信号処理が必要であり，そのために必要な電子回路はできるだけ規模が小さいことが望ましい．そのような要求に沿う符号として，ここではたたみ込み符号を取り上げる．たたみ込み符号は，送るべき情報を担った情報ビット列に，過去の一定時間内に送出した情報ビット列をもとに生成した新たなビット列を付加して得られるものである．

　簡単な符号器の例を図13-6に示す．符号器は1ビットのレジスタ，排他的論理和演算器，並列直列変換器からなっている．入力 p とその1つ前のビットに相当するレジスタ内のビット (r) の排他的論理和 ($p \oplus r$) を求め，その結果である q_2 と入力 p に相当する q_1 とを並列直列変換して出力 $q_1\, q_2$ を送出する．したが

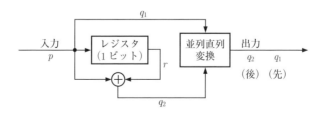

図 13-6　たたみ込み符号のための符号器の例

って出力の信号速度は入力の2倍になる．付加した排他的論理和の結果 q_2 が信号に冗長性（ビット列の中で，ハミング符号のチェックビットのように，本来の情報に関係しない部分）を与えており，これが誤り制御の機能を生み出している．

このようにして得られたビット列を受信側ではもとのビット列にもどすことになる．その代表的な手法であるビタビ（Viterbi）復号アルゴリズムを以下に述べる．このアルゴリズムでは，トレリス（trellis）線図が用いられる．トレリス線図は符号器の状態遷移を時系列的に描いた図であり，その中に入力，出力のほかハミング距離を付記することによって信号の分析に利用できる．

図 13-6 の符号器において r がとる2つの値を符号器の2つの状態（状態0および状態1）と定義し，初期状態を0とする．このとき送信側のトレリス線図は図 13-7 のようになる．横方向は入力1ビットごとの時間経過をノード（アルファベットA，B，C，…）とリンク（矢印）で表している．各リンクには対応する入力 p（1ビット）と出力 $q_1 q_2$（2ビット）を斜線で分けて付記している．たとえば 1/10 は，入力が1，出力が10であることを意味している．トレリス線図では，初期の時間帯を除けば同じパターンがビット列の終了までくり返される．

具体的な例として，送信しようとするビット列が "00111" の場合を考える．このときの図 13-7 における状態遷移は A → B → D → G → I → K となる．そして送信側の符号器から出力されるビット列は "0000111010" となる．

さて，伝送中に3ビット目に誤りが生じ受信ビット列が "0010111010" となったときの受信側の動作について，図 13-8 のトレリス線図をもとに時間を追って見てみよう．この受信ビット列は，図の最上部に示されている．受信側では，受信したビット列とトレリス線図とを逐次比較しながら誤り制御を行う．理想的な受信ビット列と実際の受信ビット列のハミング距離はリンクごとに斜線で分けて

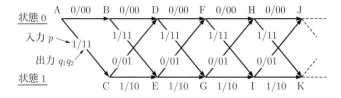

図 13-7　送信側における符号器の状態遷移を表すトレリス線図

13.6 たたみ込み符号 *191*

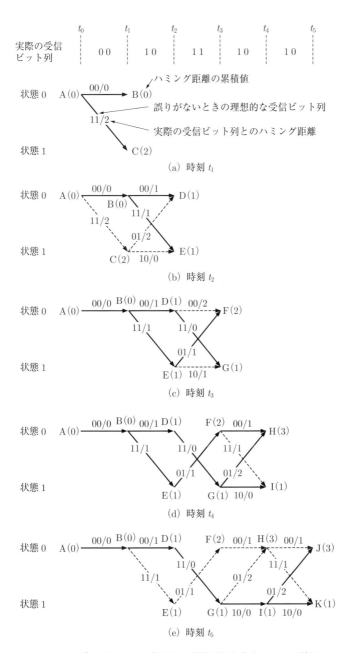

図 13-8 受信側における復号器の状態遷移を表すトレリス線図

示されている。

　受信側でも送信側と同じく，初期状態（時刻 t_0）は0であり，図13-8のトレリス線図でもこれをAで表している。最初の2ビットがもし誤りなく受信されると，次の時刻 t_1 における状態は，図 (a) のようにBあるいはCへ遷移するはずである。誤りのない場合の受信ビット列（A→Bのとき00, A→Cのとき"11"）と実際の受信ビット列"00"とのハミング距離はそれぞれ0および2である。図中にはこれらが斜線で左右に分けて示されている。また，各状態におけるハミング距離の累積値がカッコ内に付記されている。この段階（時刻 t_1）でもし判断するならば，累積ハミング距離の小さいA→Bに対応した00が選ぶべきビット列ということになる。しかし，この段階では判断をしない。

　これに続く2ビットがもし誤りなく受信されると，時刻 t_2 における状態は，図13-7をもとに考えると，図13-8(b)に示すようにDあるいはEになるはずである。ここでDへの遷移にはB→DおよびC→Dの2通りがありうる。ここでの実際の受信ビット列は図13-8の最上部にあるように"10"であるから，ビット列"00"に対応したB→Dではハミング距離が1であり，したがってA→B→DのパスをたDでの累積ハミング距離は1となる。これに対してビット列"01"に対応したC→Dではハミング距離が2であり，この場合のA→C→DのパスをたDでの累積ハミング距離は4となる。これら2つの累積ハミング距離を比較すると前者の方が小さい。したがって，Dへ至るパスとしては前者であるA→B→Dのみを残す。図 (b) ではこれを太い矢印で表している。そしてDでの累積ハミング距離を，小さい方の値である1と定める。一方，Eへの遷移にはB→EおよびC→Eの2通りがある。実際の受信ビット列は"10"であるから，ビット列"11"に対応したB→Eではハミング距離が1であり，したがってA→B→EのパスをたEでの累積ハミング距離は1となる。これに対してビット列"10"に対応したC→Eではハミング距離が0であり，この場合のA→C→EのパスをたEでの累積ハミング距離は2となる。これら2つの累積ハミング距離を比較すると前者の方が小さいので，Eへ至るパスとしては前者であるA→B→Eのみを残す。図 (b) ではこれを太い矢印で表している。そしてEでの累積ハミング距離を，小さい方の値である1と定める。

　これ以降の時刻においても，上記と同様に，各ノードへ移る2つのリンク

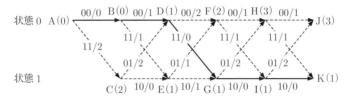

図 13-9 誤り制御をしたあとのトレリス線図

に対応した累積ハミング距離を順次比較し，それらのうちの小さい値をもつパスのみを残していく．これにより図 (c)〜(e) を得ることができる．最終時刻 t_5 においては，2つの状態 J および K での累積ハミング距離はそれぞれ 3 および 1 である．したがって小さい方の累積ハミング距離に対応するパスである A→B→D→G→I→K が求める最適なパスであることがわかる．この結果をトレリス線図に示すと図 13-9 のようになる．したがってここで示されたパスに対応するビット列"0000111010"が求めるべき誤り訂正されたビット列である．受信したビット列"0010111010"とこれとを比較すると，受信したビット列の中の 3 ビット目に誤りが発生していることがわかる．

図 13-6 で示した符号器はもっとも簡単な構造の例であり，実際の符号器ではレジスタ（シフトレジスタ）のビット数はより大きくなっている．そのため，それらのビットをもとにした論理演算は複雑になっている．したがって，トレリス線図の中の状態数（2^k 個）は多く，トレリス線図はより複雑なものになる．

演習問題

13-1 垂直パリティ方式（偶数パリティ）を用いたビット列 "1001" が送信されたものとする。伝送中に誤りが発生したにもかかわらず，受信側において誤りが発生していないと見なされる受信ビット列を示せ。

13-2 2つのビット列 "1011001" と "1101011" のハミング距離を求めよ。

13-3 情報ビット数4ビット，符号全体が7ビットのハミング符号を考える。式(13-14)～(13-16)に従って誤り訂正を行うとき，受信ビット列 "1000101" に対する誤り訂正後のビット列を求めよ。

13-4 図13-4(b)において "000" および "111" のみを通信に用いるビット列とするとき，誤り検出および誤り訂正が可能なビット数をそれぞれ求めよ。

演習問題略解

2章

2-1 a_0

2-2 $f(x) = \frac{1}{2} + \frac{2}{\pi}\left(\sin 2\pi f_0 t + \frac{1}{3}\sin 2\pi(3f_0)t + \frac{1}{5}\sin 2\pi(5f_0)t + \cdots\right)$

2-3 $F(f) = \int_{-\tau_0}^{\tau-\tau_0} A e^{-j2\pi f t} dt = A\tau\,\mathrm{sinc}(\pi f \tau) e^{-j2\pi f\left(\frac{\tau}{2}-\tau_0\right)}$

2-4 式 (2-28) より,

$g(t) = \int_0^{t+1} \frac{\tau}{2} d\tau = \frac{1}{4}(t+1)^2 \quad (-1 \leq t \leq 1)$

$g(t) = \int_{t-1}^{2} \frac{\tau}{2} d\tau = -\frac{1}{4}(t-3)(t+1) \quad (1 \leq t \leq 3)$

したがって右図を得る。

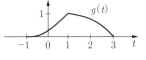

2-5 $G(f)$ は右図のようになる。
これを逆フーリエ変換して,
$g(t) = 2Af_0 \,\mathrm{sinc}(2\pi f_0 t)$

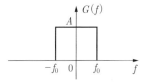

3章

3-1 (a) は大きさの伸縮, (b) は時間遅れで, どちらも式 (3-3) を満たすから線形電子回路。形状が変化している (c) は線形電子回路ではない。

3-2 伝達関数は,

$$H(f) = \frac{A\tau\,\mathrm{sinc}(\pi f \tau) e^{-j2\pi f\left(\frac{\tau}{2}-\tau_0\right)}}{A\tau\,\mathrm{sinc}(\pi f \tau)} = e^{-j2\pi f\left(\frac{\tau}{2}-\tau_0\right)}$$

となり, $\frac{\tau}{2}-\tau_0$ は遅延時間だからこの電子回路は式 (3-5) を満たす。

3-3 平均値 $\bar{x} = \int_0^3 xp(x)dx = 1.5$,

分散 $\sigma^2 = \int_0^3 (x-\bar{x})^2 p(x)dx = \overline{x^2} - \bar{x}^2 = 0.75$,

確率 $P\{0.6 \leq x\} = \int_{0.6}^3 \frac{1}{3}dx = 0.8$

3-4 $3 \times 10^{-6} \times 5 \times 10^3 = 15$ 〔mW〕

3-5 $\dfrac{S}{N} = \dfrac{20 \times 10^{-3}}{200 \times 10^{-6}} = 100$, したがって $\dfrac{S}{N} = 20$ 〔dB〕

4 章

4-1 振幅 A,周波数 f,位相 ϕ の3つ。A：振幅変調（AM）と ASK,f：周波数変調（FM）と FSK,ϕ：位相変調（PM）と PSK。

4-2 4.3 節①参照。

4-3 信号 S_1 を高周波や光などの搬送波の周波数 f_c 付近に移動させること。

5 章

5-1 式 (5-19) から,① $\eta_{AM} = 0.5$,② $\eta_{AM} = 0.25$。

5-2 SSB 変調波では占有帯域幅は半分となり周波数利用効率がよい。また側波帯電力は AM 変調波の $\dfrac{1}{2}$ であるが,平均電力は側波帯電力そのものだから電力に関する効率は 1 となる。

5-3 図 5-5 参照。

5-4 5.6 節参照。

5-5 マクローリン展開（$x=0$ におけるテイラー展開）を用いれば,
$(1+x)^{\frac{1}{2}} = 1 + \dfrac{x}{2} - \dfrac{x^2}{8} + \cdots$ となるから,$|x| \ll 1$ に対して $(1+x)^{\frac{1}{2}} \cong 1 + \dfrac{x}{2}$ となる。

6 章

6-1 $A_c \cos\left(2\pi f_c t + \dfrac{\Delta f}{f_m}\sin 2\pi f_m t\right)$

6-2 変調信号に微分処理を施してから周波数変調器に加える(式 (6-1), (6-2) 参照)。

6-3
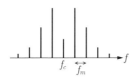

6-4 6.4 節参照。

6-5 6.5 節および 6.6 節参照。

7 章

7-1 標本化, 量子化, 符号化。説明は 7.1〜7.3 節参照。

7-2 信号の最大周波数 B は $4\,\mathrm{kHz}$ であるから, $T \leq \dfrac{1}{2B} = 125\,[\mu\mathrm{s}]$。通信速度 $\geq 64\,[\mathrm{kb/s}]$。

7-3
メモリの値	1000 → 1100 → 1010 → 1001 → 1001
D/A 変換器の出力 (V_{DA})	8 → 12 → 10 → 9
比較器の出力 (V_O)	1 → 0 → 0 → 1

7-4 7.5 節参照。

7-5 差分と予測の機能。

8 章

8-1 $P_e = q\displaystyle\int_d^\infty p(x-x_1)dx + (1-q)\int_{-\infty}^d p(x-x_2)dx$

8-2 式 (8-9) より, $\dfrac{S}{N} = 20\,[\mathrm{dB}]$ のとき $P_e = 2.97 \times 10^{-7}$, $\dfrac{S}{N} = 22\,[\mathrm{dB}]$ の

とき $P_e = 1.58 \times 10^{-10}$。

8-3　FSK：15 dB，PSK：12 dB（図 8-7 参照）。

8-4　図 8-9 参照。16 値 QAM の方が隣接信号点間の距離が大きく，符号誤り率が小さいため。

8-5　およそ 0.5 dB。

9 章

9-1　周辺からの電磁誘導の影響を 2 本の心線に対して均等にすることにより，信号受信端への影響を抑圧するため。

9-2　9.1 節（7）参照。

9-3　波長 1.3 μm では波長分散が最小になり，波長 1.55 μm では減衰が最小となるため。

9-4　4 倍。

9-5　9.3 節（3）参照。

10 章

10-1　① 標本化周波数 8 kHz の標本点間隔 125 μs，② $\dfrac{8 \times 24 + 1}{125\,[\mu s]} = 1.544\,[\text{Mb/s}]$

10-2　10.1 節参照。

10-3　① $\dfrac{270 \times 9 \times 8}{125\,[\mu s]} = 155.52\,[\text{Mb/s}]$，② $\dfrac{261}{270} \fallingdotseq 0.97$

10-4　光ファイバ数の減少による大幅なコスト低減。

10-5　10.5 節参照。

11章

11-1 式 (11-7) のスループット s はトラヒック $g=0.5$ で最大となり，そのとき $s=0.19$。

11-2 スループット s はトラヒック $g=1$ で最大となり，そのとき $s=0.37$。

11-3 トラヒックの予測を取り入れた効率のよい監視を行うなど。

12章

12-1 12.1節①〜⑤。

12-2 RZ符号。NRZ符号では"1"が連続した部分にはタイミング情報が含まれないため。

12-3 "1"のときに正値と負値を交互に出現させる。

12-4 ＋ − 0 ＋ 0 ＋ − 0 − ＋ − 0 ＋ −

12-5 ＋ − ＋ 0 − ＋ − 0 0 ＋ 0 − ＋ −

13章

13-1 0000，0011，0101，0110，1010，1100，1111

13-2 ハミング距離 $=3$

13-3 1010101

13-4 最小ハミング距離が3だから，検出および誤り訂正可能なビット数はそれぞれ2ビットと1ビット。

引用文献・参考文献

(1) 電子通信学会 編，瀧保夫 著『通信方式』コロナ社，1970年2月15日
(2) S. スタイン，J. J. ジョーンズ 共著，関英男 監訳『現代の通信回線理論 ― データ通信への応用―』森北出版，1970年10月20日
(3) 重井芳治 編著『高速 PCM』コロナ社，1975年3月10日
(4) L. Kleinrock and F. A. Tobagi, Packet Switching in Radio Channels: Part I — Carrier Sense Multiple-Access Modes and Their Throughput — Delay Characteristics, *IEEE Trans. on Comm*, 23, pp.1400-1416 (1975)
(5) R. D. Rosner 著『Packet Switching』Van Nostrand Reinhold Company, 1982年
(6) 電子通信学会 編，平松啓二 著『通信方式』コロナ社，1985年6月15日
(7) 岩垂好裕 著『符号理論入門』昭晃堂，1992年12月10日
(8) 島田禎晋 編『SDH 伝送方式』オーム社，1993年9月20日
(9) 荒谷孝夫 著『電気通信概論』東京電機大学出版局，1997年1月20日
(10) 岩橋榮治 著『伝送工学概論』東海大学出版会，1997年3月10日
(11) 山内雪路 著『スペクトラム拡散通信 ― 次世代高性能通信に向けて ―』東京電機大学出版局，1998年10月20日
(12) 細谷良雄 企画・編集『電波伝搬ハンドブック』リアライズ社，1999年1月28日
(13) 荒谷孝夫，畔柳功芳，村田武夫 共著『伝送工学』，オーム社，2001年2月10日
(14) 東京電機大学 編『電磁気学』東京電機大学出版局，2003年3月20日
(15) 石尾秀樹 著『光通信』丸善，2003年8月30日
(16) 伊丹誠 著『わかりやすい OFDM 技術』オーム社，2008年7月10日

索 引

数字

2項分布　162
2値PSK　114
4値PSK　116

A

A/D変換器　95
ADPCM　105
ALOHA　161
AM　35, 39, 60
AMI符号　172
ASK　35, 111
ATM多重　158

B

BnZS符号　173
BPF　45
BPSK　114

C

CDM　156
CDMA　37, 157
CMI符号　175
CRC符号　180
CRC方式　180
CSMA　166
CSMA/CA　170
CSMA/CD　170

D

D/A変換器　93
dBi　138
dBm　141
ΔM　103
DPCM　103
DSB　50, 61
DWDM　154

E

Ethernet　170

F

FDM　37, 151
FET　75
FM　35, 68
FSK　35, 113

H

HPF　53

I

ISM Band　137
ITUグリッド　154

L

LPF　53

M

Manchester符号　175
modulo 2　181, 187

N

NRZ符号　172

O

OFDM　37, 119, 153
OH基　135

索引

OOK 111

P
PAM 35
PCM 5, 35, 87
PFM 35
PM 35
PN 系列 156
PPM 35
PSK 5, 35, 114
PST 符号 174
PWM 35

Q
QAM 116, 118
QPSK 116

R
RZ 符号 172

S
SDH 145, 147
SDM 155
slotted-ALOHA 165
SN 比 31
SSB 51, 61
STM 145

T
TDM 144

V
VSB 51, 61

W
WDM 153

あ
アームストロング変調法 77
圧伸則 96
アドミタンス 75

アナログ ii, 2
アナログ信号 22
誤り検出 178
誤り訂正 178
暗号化 157

イーサネット 170
位相速度 125
位相定数 125
位相変調 35, 68
インターリーブ 152
インダクタンス 74
インパルス 13
インパルス応答 14

腕木通信 1

遠端漏話 130
エンファシス 85

オーバヘッド 147, 148
オシロスコープ 108
音声 2

か
改善限界効果 85
開放状態 127
ガウス分布 29
角度変調 68
確率密度関数 28, 108
画像 2
カットオフ波長 134
カッド撚り 122
過変調 40, 56
監視 172
干渉 26

奇関数 8
擬似ランダム雑音 156
逆フーリエ変換 11, 121
逆離散フーリエ変換 121
キャパシタンス 74

索　引

キャリアセンス　　167
吸収　　135
共振回路　　74, 78
共振周波数　　78
金属線　　i
近端漏話　　130

偶関数　　8
空間分割多重　　155
矩形波　　6, 22
クラッド　　131
グレーデッドインデックス型　　132
クロストーク　　130

減衰　　24, 26
減衰定数　　125, 141
検波　　2, 52, 77

コア　　131
高域通過フィルタ　　53, 78
構造分散　　135
高能率符号化　　103
効率　　49
誤差関数　　110
誤差補関数　　110
固執型 CSMA　　167
コンデンサ　　56
コンピュータ　　i, 2

さ

最小ハミング距離　　184
最大位相変移　　69
最大周波数変移　　68
材料分散　　135
雑音　　2, 28, 57, 62, 79
差動出力　　78, 113
差分 PCM　　103
三角関数　　8
散乱　　135
残留側波帯通信　　51

しきい値　　109

指向性アンテナ　　138
システム　　1
実数　　13
時分割多重　　4, 144
遮断状態　　46, 56
周期　　6
集積回路　　i
周波数　　6
周波数依存性　　6, 24
周波数成分　　6, 12
周波数逓倍　　77
周波数分割多重　　37, 151
周波数変調　　5, 35, 68
周波数弁別器　　77, 113
受信　　3
真空管　　i
シングルモード光ファイバ　　134
信号対雑音電力比　　31, 60, 61, 63, 79, 91
信号点　　66
信号点配置図　　66
振幅変調　　35, 39
シンボル長　　120

垂直・水平パリティ方式　　179
垂直パリティ方式　　179
スタッフ処理　　148
ステップインデックス型　　132
スペクトル　　12
スペクトル拡散　　156
スループット　　163

生起確率　　109
正規分布　　29
正弦波　　6
生成多項式　　181
絶対利得　　138
セル　　158
セル多重　　157
線形　　23
線形歪　　25
全反射　　131
占有帯域幅　　17, 26, 43, 171

装荷ケーブル　4
相互コンダクタンス　75
送信　3
増幅　24
側波帯　42
損失　135, 141

た

帯域圧縮　103
帯域制限　87
帯域通過フィルタ　45, 51, 59
帯域幅　17, 26
ダイオード　44, 45, 56
ダイバーシティ技術　139
タイミング　171
多重化　2, 144
多重化装置　147
たたみ込み積分　15
たたみ込み符号　189
多値PSK　116
単純化　31, 111
単側波帯通信　48, 50
短絡状態　127

チップ　156
直接波　139
直線歪　25
直線量子化　92, 98
直流　6
直交周波数分割多重　37, 119
直交振幅変調　118

対撚り　122
通信　1

低域通過フィルタ　53, 54, 60, 157
ディジタル　ii, 2
ディジタル信号　22
ディジタルハイアラーキ　144
ディジタル変調　107
データ　2

デエンファシス　86
適応差分PCM　105
デシベル比　31, 111
手旗信号　1
デュオバイナリ符号　176
デルタ関数　14, 42
デルタ変調　103
電界効果トランジスタ　75
電磁波　137
電磁誘導　122
電信　i
伝送　2
伝送媒体　2, 36, 122
伝送符号　171
伝送路　36
伝達関数　16, 27, 54, 86
電波　137
伝搬　125, 131
伝搬定数　125
電力スペクトル密度　18, 30, 81
電力密度スペクトル　18
電話　i

等価回路　123
同期検波　52, 57, 69
同軸ケーブル　4, 123
導通状態　46, 56
トークン　160
トークン・パッシング型　160
特性インピーダンス　126
トラヒック　163
トランジスタ　i
トランス　45
トレリス線図　190

な

入出力特性　23

狼煙　1

は

バースト誤り　178, 184

パーセバルの公式　17, 20
バーチャルコンテナ　147
バイアス電圧　76
媒体　2
媒体共有型ネットワーク　160
バイト　149
バイポーラ符号　172
白色雑音　30, 58
パケット　157, 162
パケット多重　157
波長分割多重　4, 153
波長分散　135
発振器　74
発振周波数　74
ハミング距離　184, 190
ハミング符号　186
バリキャップダイオード　76
パルス　13
パルス符号変調　4, 87
反射係数　126
反射波　139
搬送波　35, 46
半導体レーザ　i
半波整流　56

比較器　95
光ファイバ　i, 131
非固執型CSMA　167
歪　2, 22, 24, 40, 57, 78, 128, 157
非線形　24
非線形特性　44
非線形歪　24
ビタビ復号アルゴリズム　190
非直線歪　24
非直線量子化　92, 96
ビット　92
表皮効果　129, 143
標本化　87, 146
標本化定理　87

フーリエ級数　7, 121
フーリエ変換　9, 121

フーリエ変換対　15, 41
フェージング　119, 139
負荷抵抗　56
復号化　2
複素共役　20
複素数　13
複素数平面　64, 65
復調　2, 52
符号化　2
符号誤り　184
符号誤り制御　178
符号誤り率　172
符号分割多重　155
符号分割多重アクセス　37
フリスの伝達公式　139
フレーム　146
フレーム同期信号　146
プレエンファシス　86
プロトコル　161
フロントエンド　58
分散　29
分散シフト光ファイバ　136
分布定数回路　123
分離　2

平均値　29
平衡ケーブル　3, 119, 122
平衡状態　122
平衡変調器　47
ペイロード　148
ベースバンド信号　33, 108
ベッセル関数　70
変調　2, 33
変調器　34
変調指数　39, 45, 70, 72
変調信号　35, 46
変調波　35, 46
偏波多重　158
偏波分散　136

ポアソン分布　161
ポインタ　148

妨害　157
包絡線　12, 39, 62
包絡線検波　40, 55, 62
飽和現象　24
ポーリング型　160

ま

マルチコアファイバ　155
マルチモード光ファイバ　132

ミキサ　52

無指向性アンテナ　138
無線　2
無線 LAN　119
無装荷ケーブル　4
無歪条件　28, 128

メモリ　95

モード分散　133

や

ユニポーラ符号　172

ら

ランダムアクセス型　160
ランダム誤り　178

離散フーリエ変換　121
利得　139
量子化　89
量子化誤差　90
量子化雑音　90
量子化ステップ　90
量子化ステップ幅　91, 97
両側波帯通信　48, 49
臨界角　131
リング変調器　45, 50, 52

レベルダイヤグラム　142

漏話　4, 130

著者紹介

松本隆男(まつもと・たかお) 工学博士
  1949 年 愛媛県松山市生まれ
  大阪大学工学部通信工学科卒業
  同大学院工学研究科通信工学専攻修士課程修了
  佛教大学文学部仏教学科卒業
 職　歴 日本電信電話株式会社(NTT) 研究所勤務
  東京電機大学工学部情報通信工学科教授
 著　書 『コヒーレント光通信』(共同執筆)電子情報通信学会
  『犬から教わった禅 ―在家者として体験したこと,考えたこと―』
  (単著)レーヴック
  『ニューロンで解く心の苦しみと安らぎ ―脳科学と仏教の接点―』
  (単著)東京電機大学出版局

吉野隆幸(よしの・たかゆき) 工学博士
  1964 年 神奈川県平塚市生まれ
  東京電機大学工学部電気通信工学科卒業
  東京電機大学大学院工学研究科電気工学専攻博士課程修了
  1993～1994 年 米国ロチェスター大学光学研究所 Research Assosicate
 現　在 東京電機大学工学部情報通信工学科准教授

通信工学の基礎

| 2018 年 9 月 10 日　第 1 版 1 刷発行 | ISBN 978-4-501-33300-3 C3055 |
| 2021 年 1 月 20 日　第 1 版 2 刷発行 | |

著　者　松本隆男・吉野隆幸
　　　　©Matsumoto Takao, Yoshino Takayuki 2018

発行所　学校法人 東京電機大学　〒120-8551　東京都足立区千住旭町 5 番
　　　　東京電機大学出版局　　　Tel. 03-5284-5386(営業) 03-5284-5385(編集)
　　　　　　　　　　　　　　　　Fax. 03-5284-5387　振替口座 00160-5-71715
　　　　　　　　　　　　　　　　https://www.tdupress.jp/

JCOPY <(社)出版者著作権管理機構 委託出版物>
本書の全部または一部を無断で複写複製（コピーおよび電子化を含む）することは，著作権法上での例外を除いて禁じられています。本書からの複製を希望される場合は，そのつど事前に，(社)出版者著作権管理機構の許諾を得てください。
また，本書を代行業者等の第三者に依頼してスキャンやデジタル化をすることはたとえ個人や家庭内での利用であっても，いっさい認められておりません。
［連絡先］Tel. 03-5244-5088, Fax. 03-5244-5089, E-mail：info@jcopy.or.jp

制作：(株)チューリング　　印刷：(株)加藤文明社印刷所
製本：渡辺製本(株)　　装丁：齋藤由美子
落丁・乱丁本はお取り替えいたします。　　　　　　　Printed in Japan